城市饕客 第一部

成都火爆餐館 川菜部

盡嚐亞洲第一美食之都的香鮮麻辣

◆策劃・攝影 蔡名雄

國家圖書館出版品預行編目資料

成都火爆餐館．川菜篇：盡嚐亞洲第一美食之都的香鮮麻辣／蔡名雄主編．-- 初版．-- 臺北市：賽尚圖文，民 100.05
面；　公分．--（城市饕客；1）
ISBN 978-986-6527-21-0（平裝）

1. 餐飲業 2. 食譜 3. 中國

483.8　　100006487

城市饕客 01

成都火爆餐館 《川菜篇》

盡嚐亞洲第一美食之都的香鮮麻辣

發 行 人・蔡名雄
策劃 / 主編・蔡名雄
採訪編輯・田道華 / 王詩武 / 王宏瑋 / 王兆華 / 張先文 / 熊楚 / 周思君 / 孫英 / 張湉湉
攝　　影・蔡名雄
出版發行・賽尚圖文事業有限公司
106 台北市大安區臥龍街 267 之 4 號
（電話）02-27388115　（傳真）02-27388191
（劃撥帳號）19923978（戶名）賽尚圖文事業有限公司
（網址）www.tsais-idea.com.tw
賽尚玩味市集 http://tsiasidea.shop.rakuten.tw

美術設計・夏果 *nana
總 經 銷・紅螞蟻圖書有限公司
台北市內湖區舊宗路二段 121 巷 28 號 4 樓
（電話）02-2795-3656　（傳真）02-2795-4100
製版印刷・科億印刷股份有限公司

出版日期・2011 年（民 100）5 月初版一刷

ISBN：978-986-6527-21-0
定價・NT.320 元

出版序

「好吃嘴」——
應該是成都人最感到自豪的稱號！

成都人也的確牛，吃成了狀元，將成都市吃出個第一來——亞洲第一個聯合國文教組織認可並授予「美食之都」稱號的魅力城市。因此來到成都，懂吃將讓您更受歡迎。

身為台灣攝影人的川菜美食與文化的愛好者，多年往來成都及四川各地後，發現和成都人聊「吃」最能感受他們的熱情，不論是出租車的師傅、市場的大孃、小販老闆，甚至問路的陌生對象…每個人都能為你擺上一回龍門陣。這樣的美食熱情促成了此書的策劃與製作，透過成都從事美食相關工作的好友們，從成都好吃嘴的角度嚴選推薦，走訪成都五十餘家地道且蓬勃發展的火爆酒樓、餐館。

每到一處，眼睛忙著瞧觀景窗、手忙著按快門、嘴裡忙著嚐鮮、耳朵忙著聽老闆、總廚用我似懂非懂的川話聊著美味佳肴和火爆秘訣，最後才能用海量的精美菜品圖與餐館氣氛圖，形成直觀的圖像閱讀，如同菜品畫冊般的向美食愛好者展現令人流涎的佳肴菜品，突顯麻辣不是四川的全部，香鮮才是高檔川菜的真實風情。本書還搭配上適當而足夠的資訊讓讀者輕鬆享受菜肴的滋味、體驗多樣飲食風情，也讓餐飲專業從業人員，透過畫冊般餐館介紹的圖書提升自我或瞭解最新餐飲趨勢。

每家火爆餐館的介紹中都附有二、三道特色菜肴的烹調方法，讓讀者可以在家自己嘗試烹煮火爆名菜。或許其中受限於食材、配料的地方性而無法全盤效法，不過，這不也正是地方菜系各有獨特、無可取代之處？在此與讀者分享，絕非想讓您「嚴肅」以對，將本書視作鍛練廚藝最佳秘笈，而是真誠的期望此書成為饕客們汲取「美食之都」精粹的美食指南，特別製作、分享的菜譜與餐飲管理交流的美食書，是對饕客們的一種敬意，難料有臥虎藏龍者能吃出一番學問、一門生意？

當然，有了吃，總也是要玩，「玩」在川話中習慣說「耍」，好耍資訊就一定少不了。本書以成都市區為主，分成六大區：市中心區、城東區、城西區、城南區、城北區和三環外郊區，好耍資訊跟著這些分區作介紹，讓您吃、耍一條龍，不浪費時間在交通上。

期待此書可以為眾多的「好吃嘴」、美食愛好者帶來愉悅的吃、耍新體驗，成為全國美食愛好者人手必備的美食指南，「城市饕客」系列也將成為您、我的暗號，敬請期待系列書和各式主題的火爆餐館介紹，如火鍋、農家樂、異國料理等。

註：成都人慣用語，「好吃嘴」指愛吃也懂吃的人，在成都好吃嘴是受歡迎的，背後的象徵意義是懂得生活，一起來當個好吃嘴吧。但如果您聽到有人說您是「好吃狗」，千萬別生氣，還要謝謝他的讚美，因「好吃狗」是重慶的說法，與「好吃嘴」一樣是有褒獎的意思。

賽尚 總編輯
蔡名雄
2011.初春於台北

推薦序

在古代，成都對外的交通雖然不是那麼發達，可是卻一直是個人文薈萃、物產豐富、人民安居樂業的好地方。在歷史上，它有過因戰亂而變故，幾乎是空城的局面，但很快的，這大環境仍被新移民接受並於此紮根。

多年前我初到成都，那時的成都沒什麼色彩，樸拙的灰衣、綠褲，代表了他們當時經濟情況的色彩；可是當用餐時間到了，從館子的熱絡、菜色的多元，紅得令人噴火的佳餚一道道堆得滿桌都是，街頭的菜館塞滿了在那兒閒擺、嗑瓜子的閒人，這說明了四川人是個再窮也懂得享受、愛休閒的群落。

自 1980 年代改革開放後一直到現今，成都人的笑容更多了，衣食住行快速地充滿色彩，休閒娛樂更是不落人後，難怪有人說川人如水，更說「少不入蜀、老不離川」，意思是說四川，尤其是成都，悠閒快活，年輕人一來會被安逸的環境消弭得沒了鬥志，可是老來退休，在這兒可是歡樂的天堂。

成都的吃，在過去，對初來乍到的外地人而言，都會被那紅火的辣與麻嗆得人仰馬翻；而現在的成都餐飲界，一直在追求進步，從衛生出發，追求健康和美味兼具的國際標準，輕油減鹽更是他們改良的目標，至於麻與辣則是他們絕不退卻的本宗正味。

我有一些朋友初到成都，弄不清川菜的風味特色，常點錯菜，如怕辣，點了一道「水煮牛肉」，上桌才發現這是川菜中麻辣味最濃的菜；又如想吃得簡單便宜一點，就點了「開水白菜」，開水煮的，肯定便宜，結帳才發現這是川菜中最高檔的湯菜，價格高啊！弄得頭三天是鼻涕眼淚直流，總是要經過三、四天才吃出了心得。從其蒸、炒、燜、燒的各種烹調手法中，去體驗各種香氣的呈現；通常一週後就會和川味談起了戀愛！難怪許多人懷疑，成都的美食可能放了罌粟、鴉片之類的，讓大夥兒上癮得難以自拔。其實是川菜的美味和川廚的用心讓人上癮的。

多年來，成都政府與民間業者通力合作，從文化、藝術及其悠久的歷史作基調，加上豐富多元的飲食元素作表現，令聯合國教科文組織的觀察代表在兩年多的考核中大為感動，特頒發了「世界美食之都」的稱號，授予成都市民間與政府，這是很不容易的殊榮！

我最喜歡的攝影老師——大雄（編者），走訪蓉城多年，專注在四川美食與飲食文化，現在把成都川菜的香鮮麻辣集結成冊，以一個省外川菜愛好者的角度，從烹調到尋味，為饕客大眾們整理出一本吃川味的指南食書——《城市饕客第一部：成都火爆餐館（川菜部）》，在每一頁的內容裡，您都會體會到他的有心和用心。

我說成都的朋友該感謝他，愛川味的外地朋友更該感謝他。期盼大雄能尋更多美味，依然如此深入採訪編輯、出版，為美味饕客謀福、謀樂！

目錄 CONTENTS

鮮花供佛處

目錄 CONTENTS

城西區

城南區

城北區

郊區

成都 世界級的美食之都

2010年2月28日對成都來說是歷史性的一天，一座來了就不想離開的吃耍之都，經聯合國教科文組織正式授予成都「美食之都」的稱號，是亞洲第一個獲得此殊榮的城市，目前全球唯三城市獲此榮耀（除四川成都外，還有哥倫比亞的波帕揚、瑞典的厄斯特松德），代表著成都美食不只是產業，更是一種文化、一種全民運動。此項評比是由聯合國教科文組織於2004年發起，目前是全球文化創意產業領域層級最高的非政府組織。

「文化力」是拔尖認證之鑰

要獲得這樣的殊榮，除了要滿足屬於現代發展的指標，如城市中心地區要有高度發達的美食行業；要擁有活動積極的美食機構、大量傳統而優良的餐廳和廚師等，這在成都一應具全，而且發展得相當快速而創新。其次還要有對美食的熱情，如舉辦過美食節、烹飪比賽和相關獎項等活動；尊重當地傳統產品的生產環境與工藝，注重並促進其可持續發展；提高公眾對傳統美食與相關活動的關注程度，在烹飪學校也要有關於傳統烹飪和保護烹飪方式的多樣性課程。最後，也是最重要的是要擁有許多特有的傳統烹飪配料，即使在工業時代、科技進步情況下成都依然延續著優良的傳統烹飪理念、方式和方法，還有四處散佈的傳統食品市場和活力十足的食品產業。

最後一部分可說是成都取得「美食之都」稱號的關鍵，這部分簡單的說就是文化力，如東京等知名城市未能獲得次殊榮，多因缺乏這個部分。生活、飲食傳統是許多現代化都市在建設發展過程中一直有意無意的漠視與摧毀的部分。然而，成都何其幸運，有著強而有力的大批好吃嘴成都人做後盾，加上成都餐飲市場的老闆們多喜好傳統文化，讓成都在建設發展之餘依舊保有強而有力的文化根。如成都擁有「龍抄手」、「盤飧市」、「陳麻婆豆腐」等二十四個中華餐飲老字號，傳承近四百年的郫縣豆瓣廠「紹豐和」，第一個菜系博物館「川菜博物館」，旅遊、飲食、文化合一的「錦里一條街」、「文殊坊」、「寬窄巷子」等。

也因為成都人的愛吃，許多朋友到了成都都會發現一個現象，只要說起川菜，問起美食等吃的問題，每一個成都人，不論男女老少都是津津樂道，如數家珍。簡單的說，您到了成都一定可以知道哪裡有好吃的、好玩的，但唯一的缺點就是信息量會大到讓您無所適從。因此，這裡將為大家做一個有系統的說明，並按區介紹特色火爆餐館，讓您在有限的時間嚐盡無限的成都風味。

合江亭

傳承近四百年的郫縣豆瓣廠「紹豐和」

川菜的肢幹與靈魂

川菜是中國八大菜系之一、四大菜系之首，一直以來享有「一菜一格，百菜百味」的美名。據史書記載，川菜起源於古代的蜀國，自秦朝將四川蜀地納入中國版圖之後，成都逐漸成為此地區的政治、經濟、文化中心，加上幾次的大移民，使川菜南融北會，發展上就更為有活力。到了元、明、清長時間定都北京，從省外入川的官吏也跟著增多，大批的京城或是省外廚師來到成都，而後經營起飲食業，使川菜又得到了進一步的發展，而逐漸成為主要地方菜系。加上清朝初年，辣椒傳入四川，為現代川菜添入了關鍵的元素。到了二次大戰期間四川成為相對安定的大後方，再次吸納了大批的省外民眾和廚師，促使川菜快速的現代化，戰事結束後大量移民回鄉為川菜普及化奠下基礎。

四川美食的風味沿著長江分布，分成川西的上河幫菜，以成都、樂山為代表，又稱蓉派，以小吃見長，菜肴相對比較清淡，傳統名菜較多。川東的下河幫菜，以重慶為代表，又稱渝派，以家常菜為特色，菜式親民，偏好麻辣，多有創新名菜。川南的小河幫菜，以自貢、內江為代表，又稱鹽幫菜，因早期為富有的鹽商聚集地，所以成菜大氣，講究食材與烹調技藝，多高檔名菜。

就因四川強調「一菜一格，百菜百味」，強調一餐吃下來不只是有滋有味，更重要的是菜與菜之間要濃淡相間、互相調和、互相襯托，讓視覺、味覺、嗅覺、觸覺（口感）、有如洗三溫暖般舒暢，不會因單調而疲乏。所以辣椒、胡椒、花椒、豆瓣等辛香料就成為主要調味品，用以變化口感，卻不是一味地追求刺激，很多時候是為了香氣，可以說川菜沒了香氣這一靈魂，所有滋味都是貧乏的。

為此，川菜味型就發展的極為豐富，濃烈到清淡的分布相對均衡，歷來有「七滋」（甜、酸、麻、辣、苦、香、鹹），「八味」（乾燒、酸辣、麻辣、魚香、乾煸、怪味、椒麻、紅油）之說，烹

成都映像——九斗碗

調出的菜點無一不是膾炙人口。目前歸納出麻辣類、辛香類、鹹鮮酸甜類等三大類，再細分出二十四種味型，成為一套川菜風味烹調的標準。常見的味型除上述八味外，還有如麻醬、蒜泥、鹹鮮、芥末、紅油、糖醋等各種味型，也都再細分出各種程度的延伸風味，達到了「百菜百味」的要求。

吃在四川，味在成都

成為國際美食之都的成都，目前估計有三萬多家的酒樓、餐館遍佈大街小巷，來到成都，不用擔心找不到好餐館。成都餐飲行業在1980年代以前與沿海城市相比是相對的傳統，形成了本土川菜、火鍋十分繁盛的同時，外來菜系乃至外國菜卻凌駕其上的特殊局面。在一陣刺激後，1995年起，成都餐飲可以說是跳躍式的發展，目前餐飲市場之火爆可以說已經成為中國第一，獲得聯合國教科文組織正式授予「美食之都」的稱號就是最佳的證明。也因此您只要在市區內幾條重點美食街轉一轉，呼吸一下那裡的空氣，您就能體會「吃在四川，味在成都」的激情滋味。

因都市功能發展的特性，形成南富、西貴、東樸、北雜的成都人聚居型態，美食街也依這樣的特性分布，形成許多各具特色的美食街，西有沙西線（沙灣路西延線）美食一條街、羊西線（羊市街西延線）美食一條街、杜甫草堂餐飲娛樂圈（包括琴台路、錦里西路、芳鄰路和青華路）、府南新區火鍋一條街、武侯祠大街、雙楠美食區，往南走有玉林路——中華園美食區（桐梓林路）、科華路——領事館路美食街、人民南路南沿線休閒餐飲一條街，往東則有望平街美食區等。而北邊為成都對外的旅客、貨物出入口，出入較雜而未能形成有較明顯特色的美食集中區，多分散於大街小巷。以下就針對這幾個美食集中區做個簡單的介紹。

羊西線上的「一品天下」美食一條街

文殊坊「成都廟街」聚集成都各式特色小吃與傳統工藝品。

沙西線美食片區

以大眾美食為主調的這條美食街的興起，主要是因成都的首座大型會展中心就位於此，目前新會展中心移至南沿線上。因此有許多餐館來此設立，多定位在商務和公務消費；其次交大周邊住宅區集中，因此產生了藍色港灣、鄭連鍋等大眾化消費的川菜酒樓。其中位於會展中心區域內的順興老茶館，其功夫茶、名小吃、變臉等文化體驗是許多人到成都必遊之地。

羊西線美食片區

羊西線美食一條街可說是聞名全國，這裡品牌餐飲雲集，高中低檔都有，促成成都的一品天下餐飲一條街的形成，還帶動了旁邊的府南新區火鍋一條街的崛起，因此說羊西線上賣的是成都經典美食是一點都不為過。在這裡您可以吃到一批聞名全國的川菜品牌酒樓，如銀杏、紅杏、大蓉和、文杏、陶然居等等。

杜甫草堂文化美食片區

杜甫草堂文化餐飲娛樂圈的範圍涵蓋錦里西路、琴台路、芳鄰路、清江東路以及青華路等，除了著名景點杜甫草堂、青羊宮、浣花公園和百花潭公園外，還有送仙橋藝術城，是成都市文化氛圍最為濃郁的美食圈。草堂路的蜀粹典藏，琴台路的獅子樓火鍋與皇城老媽、文君酒家、飄雪酒樓等；芳鄰路為新興的酒吧一條街；青華路上則有老成都公館菜、陳麻婆豆腐等酒樓；清江東路有卞氏菜根香、江北老灶、重慶孔亮鱔魚火鍋、重慶德莊火鍋等。

酒樓餐館聚集，文化氛圍濃郁的琴台故徑

科華路——領事館路美食片區

鄰近四川大學的科華路上聚集許多特色的小型西餐廳，吸引了許多年輕人和老外來此光顧；其他還有海鮮川做的老石人家辣螃蟹，以嬸嬸家宴出名的紅星大酒樓。往南走到領事館路，您會發現這裡是成都餐飲密度最大的地方，這裡有各式火鍋、粵菜館、杭幫菜、東南亞菜及川菜酒樓。

人民南路南延線美食片區

人民南路及其以南延伸10餘公里到双流的華陽的沿線，風景宜人，各式酒樓、特色餐館，高中低檔都有。與市區餐館相較之下，最大的特色在於以園林式休閒餐飲為訴求，許多規模大一點的餐館酒樓，多能做到吃耍一條龍，幾乎就是度假園區，著名的如西蜀人家。在這區還有另一選擇就是特色美食一條街，以大眾消費為訴求，如左岸花都美食一條街。

華陽的南湖公園

成都火鍋從鮮香滋補到紅亮麻辣一應俱全。

望平美食片區

在成都較早形成的美食集中片區中至今依然火爆就屬位於一環路東三段，玉雙路一帶的望平美食片區，這裡的消費與餐館定位都是屬於中檔，大型的有有飄香酒樓、仁和鯰魚莊、錦官驛酒樓等，更多名氣在外的都是中小型的餐館，如外婆鄉村菜酒樓，三隻耳冷鍋魚等。

特色火鍋美食

成都的火鍋雖不如重慶火爆，卻也吃出了另一番的景緻，以花樣多見長，如緊鄰羊西線的府南新區是近兩年崛起的特色火鍋一條街，有近二十家火鍋店在此營業，如食聖黃辣丁火鍋、趙老四九尺鵝腸火鍋等品牌火鍋之外，還有像是筍子雞火鍋、美蛙火鍋、山珍火鍋、連鍋、盆盆蝦等。在麻辣火鍋方面，是以重慶的風味和品牌最受成都好吃嘴所追捧，如吳銘火鍋、德莊火鍋、小天鵝火鍋。

如何使用本書？

1. 餐館酒樓的編號與分區，不必記店名直接查找想了解的餐館酒樓。

2. 獨具個性的餐館酒樓店名。

3. 簡短的一句話讓您快速認識餐館酒樓的特色。

4. 透過短文介紹館酒樓的特色與風情，讓您做出更好的選擇。

5. 餐館的美味資訊，包含地圖、地址、電話、人均消費、停車方便性、好耍資訊等。

6. 餐館酒樓的分區標籤，方便快速查找您要的區域。

7. 精美照片讓您一眼感受餐館酒樓的環境氛圍。

8. 必點特色菜的美味照片與更多餐館的環境照片。

9. 餐館酒樓提供的招牌菜大解密，有食材份量，有做法，讓您不只吃好，更能吃得明白。

關於好耍旅遊資訊

為方便饕客、好吃嘴們輕鬆選擇好耍去處，這裡為讀者們設定簡單的分級，分級原則與方式如下：

必遊指數：成都市旅遊景點的必遊指數，分級方式如下。

★★★ 沒來過這裡，等於沒到過成都。

★★ 成都值得一遊的景點。

★ 有空可以順遊的景點。

體驗指數：體驗老四川、老成都的飲食、生活、文化、風情的指數，分級方式如下。

◎◎◎ 想體驗老成都獨特風情一定要來。

◎◎ 值得一探的成都風情。

◎ 現代成都風情。

休閒指數：體驗隨地找舒服的成都人休閒生活的好去處，分級方式如下。

☆☆☆ 果真猶如天府，實在安逸極了。

☆☆ 擺個龍門陣，好巴適。

☆ 吃飽撐著沒事轉轉的好地方。

成都市餐館分區示意圖

成都為古蜀國之地，簡稱「蓉」，又稱「錦官城」、「蓉城」，據傳說，在先秦建城時屢建屢塌，於是循著一隻神龜爬行的路線才修築起來，因此不方不圓，又有「龜城」之稱。連帶的街道也就都未依循正的四方做修築，主幹道呈放射狀通往世界，加上環狀支線，宛若迷宮，成都的街道也就一直讓外地人感到迷惘，而現今成都市唯一正南北向的幹道就是人民南路及南沿線。也因為這歷史因素，成都人在指路時通常都直接說一個明顯地標，若您不知那個地標，那成都人會跟您說：底攏倒拐，再倒左拐，再倒拐，再左拐…。以國語來說就是「直走到底先右轉，再左轉，再右轉，再左轉…。」這樣的指路方式對外地人而言真是腦筋都拐到了。

所以為了方便非成都的讀者搜尋餐館，本書將成都分成六大區，分區邏輯是以市中心為主往外分區，分成市中心區、城東區、城西區、城南區、城北區及郊區，讓非成都的讀者可以簡單掌握大方向，相關示意圖如右，而具體的範圍說明如下。

市中心區：指餐館位於成都市一環路及其內的區域。
城東區：指餐館位於成都市一環路東至三環路東之間的區域。
城西區：指餐館位於成都市一環路西至三環路西之間的區域。
城南區：指餐館位於成都市一環路南至三環路南之間的區域。
城北區：指餐館位於成都市一環路北至三環路北之間的區域。
郊區：指餐館位於成都市三環路以外的區域。

這裡不講東城區而講城東區等等，是為了與成都市在1990年以前的行政分區概念作區隔，在1990年以前成都只有金牛區、東城區、西城區，現在成都市區內的行政分區為金牛區、錦江區、成華區、青羊區、武侯區，若是在成都搭出租車或問路說東城區、西城區是會讓人誤解的。

四川・成都地方常用語

巴適：好、舒服、好吃、合意等綜合含意。

安逸：與巴適的含意相近，但層次要再高一些。

好吃嘴：指愛吃也懂點吃的人，在成都好吃嘴是受歡迎的，背後的象徵意義是懂得生活，一起來當個好吃嘴吧。但如果您聽到有人說您是「好吃狗」，千萬別生氣，還要謝謝他的讚美，因「好吃狗」是重慶的說法，與「好吃嘴」一樣是有褒獎的意思。

火爆：指被大眾追捧，非常熱門、受歡迎的意思，可不是脾氣不好、很暴力的意思。

紅火：做得出色或生意經營的好之意，另外常見的用法是紅紅火火。

登一哈（ㄏㄚˊ）：就是川話等一下的意思。

四（思）、十（史）：這裡特別點出川話中「四」與「十」的發音常會讓人分不清，即使是四川人他們也常需再確認，為避免結帳等糾紛記得再三確認。

燒捲了：在川話中意思是指被騙慘了。

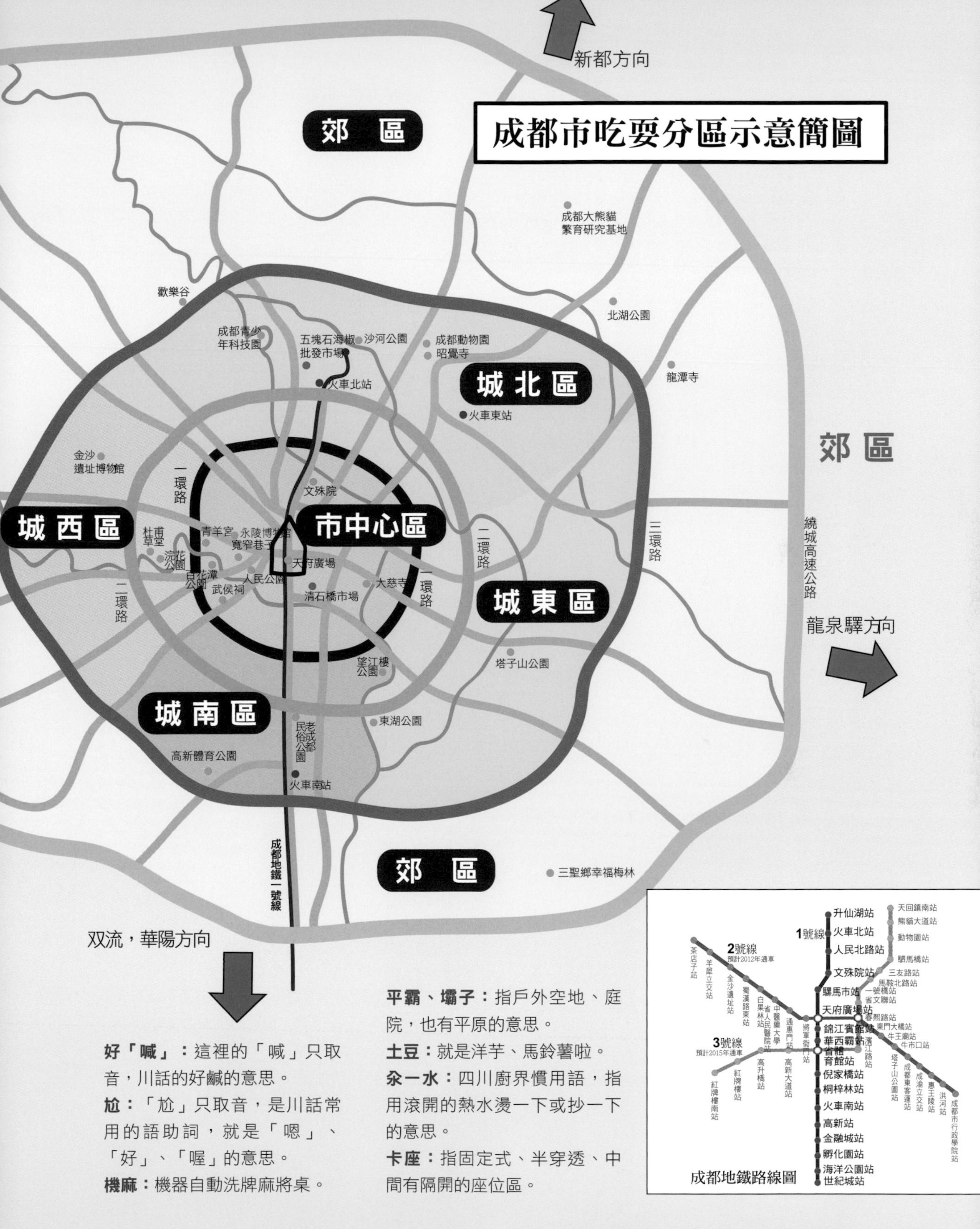

好「喊」：這裡的「喊」只取音，川話的好鹹的意思。

尬：「尬」只取音，是川話常用的語助詞，就是「嗯」、「好」、「喔」的意思。

機麻：機器自動洗牌麻將桌。

平霸、壩子：指戶外空地、庭院，也有平原的意思。

土豆：就是洋芋、馬鈴薯啦。

氽一水：四川廚界慣用語，指用滾開的熱水燙一下或抄一下的意思。

卡座：指固定式、半穿透、中間有隔開的座位區。

Chengdu RESTAURANT

火爆好館

成都 市中心區

Chengdu
RESTAURANT
01.

〔中華老字號〕

陳麻婆豆腐店

驚艷！麻、辣、燙、香、酥、嫩的麻婆豆腐

陳麻婆豆腐店創於清同治初年（1862年），當時店址在成都北郊的萬福橋頭，原名陳興盛飯鋪。掌廚的是陳春富之妻，據考其本名為「溫巧巧」，在臉上有幾顆麻子，人們就暱稱陳麻婆。當時該店只是賣小菜便飯、茶水的小飯鋪。舊時的飯鋪多只代為烹煮，是不備主食材的，由用餐的人自行購來，或臨時委託飯鋪購買。

話說早期成都北郊是食用油的集散地，來此用飯者也多是挑油擔子的腳夫，腳夫們手頭不寬裕，因此經常買些豆腐、碎肉，再從空的挑簍裡想辦法取點菜油來，請陳麻婆代為烹飪。陳麻婆烹出的豆腐又麻、又辣、又燙，風味別具，日子一長，該店鋪的燒豆腐就出名了。人們為區別於其他飯鋪的燒豆腐，特別名之為「麻婆豆腐」，以其麻、辣、燙、香、酥、嫩的特色而名聞遐邇。後來名氣一大，蓋過他所作的其他川菜，店名也因此豆腐菜品名氣大而改為「陳麻婆豆腐店」，老闆娘的本名如今卻被人遺忘了。

現在，陳麻婆豆腐總店位於成都西玉龍街，經重新整修後煥然一新。一進門那挑高6公尺的大廳裝飾著大紅燈籠，讓人驚艷！細品設計細節，結合了傳統元素與現代線條，讓用餐成為一種享受，現在除經營經典名菜麻婆豆腐及多種四川經典菜品外，還供應符合現在潮流的各式新菜品。

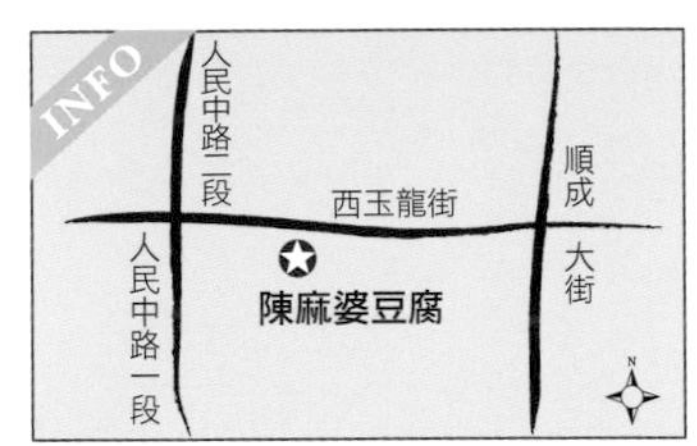

■**地址**：成都市西玉龍街197號 ■**訂餐電話**：028-86627005 ■**人均消費**：50～100元人民幣 ■**網址**：www.cdysgs.com/docc/mpdf.htm ■**消費方式**：現金、銀聯 ■**座位數**：共約350位，含各式包廂 ■**自駕車**：餐館後的街道有公共停車位 ■**好耍提示**：近文殊坊、騾馬市、鹽市口商業區、天府廣場。

Must select
必點！特色菜
雞豆花
宮保雞丁
茶香雞
一品鮮鮑
乾燒海參
尖椒雞

Specialty Meal

解密！招牌菜

■解密01

麻婆豆腐

【原料】

氹水豆腐400克，牛肉末60克，青蒜苗節30克，豆豉末15克，薑米10克，蒜米10克，鹽、味精、醬油、辣椒粉、花椒粉、郫縣豆瓣茸、太白粉水、鮮湯、熟菜油各適量。

【製法】

1. 氹水豆腐切成小方塊後納盆，倒入加鹽的開水浸泡除去澀味。
2. 炒鍋中放入熟菜油燒至六成熱，投入牛肉末煵至酥香，下豆豉末、薑米、蒜米、辣椒粉和郫縣豆瓣茸炒香出色，摻鮮湯，放入豆腐塊，調入鹽、味精和醬油，用中火燒至入味。
3. 下青蒜苗節略燒片刻，改大火用太白粉水勾芡，待汁濃亮油時即可起鍋，盛入碗內，撒上花椒粉即成。

★ **美味關鍵：**炒牛肉末時，一定要炒乾煵酥；摻湯量以剛好淹過豆腐為宜；勾芡收汁時，可多勾幾次芡，一定要做到亮油汁濃。

01

■解密02

一品鱷魚掌

【原料】

鱷魚掌1隻（約1000克），青紅辣椒節80克，薑片20克，大蒜50克，薑蔥汁、料酒、鹽、味精、白糖、糖色、胡椒粉、郫縣豆瓣、鮮湯、香油、老油、沙拉油各適量。

【製法】

1. 鱷魚掌治淨後剞上花刀，用薑蔥汁、料酒、鹽醃漬入味，再下入七成熱的油鍋裡炸至皮硬時，撈出備用。
2. 鍋中留底油，投入薑片和大蒜爆香，下郫縣豆瓣炒香出色，摻入鮮湯燒沸，待熬出味後撈去料渣不用，放入鱷魚掌，調入鹽、味精、白糖、糖色和胡椒粉調味，用小火燒至𤆵糯入味且汁將乾時，淋香油，起鍋裝入盤中。
3. 另取一淨鍋，加入老油燒熱，投入青紅辣椒節熗香後，起鍋澆在盤中鱷魚掌上，即成。

■解密03

碧綠鮮椒胗

【原料】

鴨胗300克，鮮椒粒30克，蔥花30克，香油10毫升，川式滷水1鍋。

【製法】

1. 鴨胗治淨，放入川式滷水鍋裡滷熟、入味後，撈出來晾涼。
2. 將滷熟晾涼的鴨胗改刀成片，放入盆中，下入少許滷水、鮮椒粒和香油拌勻後裝盤，撒上蔥花即成。

02

03

Chengdu
RESTAURANT
02.

〔中華老字號〕

盤飧市

「盤飧市遠無兼味，樽酒家貧只舊醅」

成都著名的醃滷老店——盤飧市，店名取自杜甫《客至》一詩中的詩句：「盤飧市遠無兼味，樽酒家貧只舊醅。」此店開業於1925年，店址在華興街，由牟茂林、楊漢江、冷遠舉等三人創辦，由牟茂林、牟再田兄弟主廚。

有滋有味的醃滷食品是成都人十分喜愛的休閒食品，盤飧市的滷貨正迎合了成都人的喜好。該店經營的品種以滷貨為主，如滷雞翅、滷雞爪、滷鴨翅、滷鴨足、滷鵝掌、滷鵝翅及滷雞鴨鵝的胗肝等，其滷菜製品選料精，搭配精心調製的老滷水和講究的火候，成品糯軟適口，臨上櫃時還要趁熱刷一道油，因此整體色香味都比一般店家的好，加上店堂緊鄰成都早期的錦江劇場，喜愛川戲的中上階層的婦女幾乎都是盤飧市的座上客。

在經營滷貨的同時，盤飧市還推出一道必嚐的小吃——鍋魁夾滷肉。是將切成薄片的

滷肉夾入當堂現烤、散發著熱騰騰香氣的白麵鍋魁中，再澆上一點香味濃郁的滷汁食用，主副食兼備，方便簡潔美味，很快地便成為成都的一種名小吃，並廣泛流傳至今，現成都街上也常見，但就屬盤飧市的味道好。而鍋魁夾滷肉在成都還有另一個新穎別名就是「中式漢堡」。

近年來，盤飧市除了販售原有的風味滷品外，還增添了豬頭、豬尾、豬舌、豬腳、豬肘及全鴨、全雞等製滷品項，另外也拓展營業範疇，提供風味獨具的川式風味炒菜肴、成都小吃等，形成了以滷貨為龍頭，兼具酒樓筵宴、綜合經營的中華老字號餐廳。

■**地址**：成都市華興正街62號 ■**訂餐電話**：028-86625892 ■**人均消費**：80～150元人民幣 ■**網址**：www.cdysgs.com/docc/pansunshi.htm ■**消費方式**：現金、銀聯 ■**座位數**：共約300位，含各式包廂 ■**自駕車**：周邊街道有公共停車位 ■**好耍提示**：近春熙路步行街、騾馬市、鹽市口商業區、天府廣場，距離著名的大慈寺步行只要10分鐘。

Must
select
必點！特色菜
宮保雞丁
拌三絲
滷鴨胗
滷豬手
滷豬尾
滷排骨
山椒木耳

Specialty Meal

解密！招牌菜

■解密01

雞豆花

【原料】

雞脯肉150克，雞蛋清4個，太白粉水30克，冷清湯120毫升，菜心2棵，火腿末10克，鹽、味精、胡椒粉、清湯各適量。

【製法】

1. 雞脯肉剔去筋膜後，用刀背捶成茸，加50克清水澥散，再放鹽、味精、胡椒粉、太白粉水和冷清湯調成雞漿；菜心洗淨後，入沸水鍋裡汆一水，撈出晾涼。
2. 鍋入清湯1500克，加鹽和胡椒粉燒沸，並攪動清湯呈旋轉狀，立即倒入調好的雞漿攪勻後不再攪動，待雞漿凝結時，轉微火㸆至雞漿全部凝結呈豆花狀且湯清透明，即關火。
3. 把菜心放湯碗內，舀入雞豆花，灌入清湯，撒上火腿末便好。

★ **美味關鍵：**要選老母雞的雞脯肉；調雞漿時，要掌握好太白粉水的用量及雞漿的濃度；清湯燒沸後需攪動旋轉才倒入雞漿，而雞漿凝結後就不能攪動了；需用微火把雞漿㸆至全部凝結成豆花狀。

01

02

03

■解密02

油淋仔鴨

【原料】

理淨的仔鴨1隻（約1000克），香油10毫升，熟菜油1000毫升，川式滷水2500克。

【製法】

1. 淨仔鴨清洗乾淨，入沸水鍋裡汆一水後撈入滷水鍋裡，待燒沸後轉小火滷至軟熟，便撈出瀝乾水分。
2. 另鍋入熟菜油燒至七成熱，放入滷好的鴨子炸至皮酥且色呈棕紅時，撈出來刷上香油，冷後斬條裝盤。

■解密03

三色泡菜

【原料】

青筍100克，苤頭100克，紅甜椒100克，老泡菜鹽水、鹽各適量。

【製法】

1. 青筍治淨後切成厚片，苤頭洗淨後修切去兩頭，紅甜椒洗淨去籽後剁成塊。另盆倒入老泡菜鹽水、鹽和涼開水調成洗澡泡菜鹽水，放入青筍片、苤頭和紅椒塊浸泡入味成熟後，撈出拼擺在一盤內，即成。

成都 Chengdu RESTAURANT 03.

市中心區

〔中華老字號〕

龍抄手

湯清餡細，皮薄如紙、細如綢

說到龍抄手，就不能不擺個龍門陣。

這成都龍抄手在1941年開業於悅來場，50年代遷至新集場，60年代以後遷往春熙路至今。據傳，開店前張光武等幾位股東會集於「濃花茶園」茶館，在茶館中擺起了龍門陣，商議創辦抄手店事宜。什麼事都談定了，就店名定不下來，其中有人提出借用濃花茶園的「濃」字的諧音「龍」，以寓龍鳳吉祥之意。沒想到獲張光武等人一致贊成，一代名小吃「龍抄手」就這樣誕生了。

龍抄手的風味特色在於講究湯清餡細，除此之外還特別注意製皮，必須擀製成「薄如紙、細如綢」的半透明狀。為了使餡心細嫩，採用純豬肉加水製成水打餡。原湯是用雞、鴨和豬肉，經猛火燉、慢火煨製而成，湯色又白、又濃、又香。口味上常備的有清湯、紅油、海味、燉雞、酸辣、原湯等多種味別。

現在的龍抄手還兼營其他成都名小吃，如賴湯圓、鐘水餃、葉兒粑、蛋烘糕、夫妻肺片等等。進入龍抄手春熙店，一樓和地下一樓以小吃為主，採半自助式消費，若是不想花時間決定要吃什麼，可以點小吃套餐，就是將多種成都名小吃組合成套，每種分量不多，但可以一次嚐到多種小吃。

而二樓以上有用餐大廳和包廂，主要提供各式中高檔的川式冷熱菜，與以龍抄手為龍頭，各式小吃為中心的風味小吃宴席。

■地址：成都市春熙路中山廣場東側 ■訂餐電話：028-86666606　86678678 ■人均消費：一樓單點20～30元，二樓中餐（點菜）60元人民幣起 ■網址：www.cdysgs.com ■消費方式：現金、銀聯 ■座位數：一樓大廳約400位，二樓大廳約180位，三樓各式包廂14間 ■自駕車：春熙路商業步行街外圍有停車場
好耍提示：餐館位於春熙路商業步行街中，是成都最繁華熱鬧的地方，有多家百貨商場，距離著名的大慈寺步行只要10分鐘。

Must
select
必點！特色菜
蛋烘糕
賴湯圓
白蜂糕
鐘水餃
擔擔麵
玉米金糕

Specialty Meal

解密！招牌菜

■解密01

原湯龍抄手

【原料】

坯料：麵粉500克，清水200毫升，雞蛋清25克。**餡料：**豬肥瘦肉500克，生薑10克，清水450 毫升，雞蛋液1個，芝麻油15毫升，料酒5毫升，胡椒粉、精鹽、味精適量。**原湯抄手調料：**原湯2000毫升，胡椒粉、精鹽、味精適量。

【製法】

1. 生薑拍破，用清水浸泡成生薑水。豬肥瘦肉用刀背捶茸去筋，加鹽和雞蛋液拌勻，分次加入生薑水，用力順一個方向攪動至水分被肉茸吸收，再加胡椒粉、料酒、芝麻油和味精，繼續攪動至呈黏稠狀，即成餡。
2. 麵粉加清水、雞蛋清拌和成硬麵團後，將麵團擂光滑後擀成薄片，用刀切成8公分見方即成抄手皮。
3. 取抄手皮一張，將餡放入中央，折疊黏合為菱角形，即成抄手坯。
4. 碗內放入適量的鹽、胡椒粉，再添加適量原湯定味。
5. 鍋入清水旺火燒沸，下入生抄手並輕輕推轉，待水複沸後加少量冷水，煮至皮起皺即熟，用漏勺撈入已定味的碗裡便成。

01

★ **美味關鍵：**除了原湯抄手以外，還可調理成清湯抄手、紅油抄手、酸辣抄手、海味抄手等。

■解密02

橙香銅盆雞

【原料】

光雞半隻（約750克），乾辣椒節50克，花椒10克，鮮青花椒30克，洋蔥塊80克，芹菜節50克，柳丁皮30克，薑片、蒜片、蔥節、料酒、鹽、味精、白糖、香辣醬、豆瓣、香油、沙拉油各適量。

【製法】

1. 光雞斬成塊，用薑片、蔥節、料酒、鹽醃漬入味，再下入七成熱的油鍋裡炸至熟透且皮酥時，撈出瀝油。
2. 鍋中留底油，投入乾辣椒節、花椒、薑片、蒜片、蔥節熗香，下雞塊略炒，再放入香辣醬和豆瓣炒香出色。
3. 烹入料酒，然後下洋蔥塊、芹菜節和柳丁皮，調入鹽、味精、白糖，待蔬菜炒斷生後，淋香油便起鍋裝入銅盆內，最後澆上用熱油熗香的鮮青花椒，即成。

03

■解密03

夫妻肺片

【原料】

黃牛肉300克，牛雜500克，芹菜節50克，鹽、八角、肉桂、花椒粉、花椒、醪糟汁、紅腐乳汁、蔥結、胡椒粉、醬油、味精、紅油辣椒、熟芝麻、熟碎花仁各適量。

【製法】

1. 黃牛肉用花椒粉、八角、肉桂、鹽醃10分鐘，入沸水鍋裡汆去血水後撈出，再放入加有鹽、八角、肉桂、花椒、醪糟汁、紅腐乳汁和蔥結的冷水鍋裡煮至軟熟時，撈出來晾涼切片，然後在煮牛肉的原汁裡加胡椒粉、醬油、味精等燒沸成滷水。
2. 牛雜治淨後，入沸水鍋裡汆煮斷生後，再入滷水中滷煮入味，撈出來晾涼，再改刀成片。
3. 牛肉片和牛雜片納盆，加芹菜節、紅油辣椒和花椒粉拌勻裝盤，撒上熟芝麻、熟碎花仁即成。

02

Chengdu
RESTAURANT
04.

成都映象

最時尚的老成都會客廳

寬窄巷子是一張有著悠久歷史的成都名片，話說寬巷子不寬，窄巷子不窄，在這裡您能觸摸到歷史在這裡留下的痕跡，也能體味到成都最原滋原味的休閒生活方式，走進寬窄巷子，就走進了最成都、最世界、最古老、最時尚的老成都會客廳。另一方面，寬巷子已經成為今天成都餐飲最突出顯著的代表，在既有的傳統建築結構與空間上，看到的是現代的創意元素，彼此和諧的融合，在保留傳統之餘更滿足了現代旅遊的需求。

到了寬窄巷子，不能不去的是「成都映象」！老四川的文化透過「非物質文化遺產」運動的推展，我們得以在成都寬巷子裡的「成都映象」酒樓親身體驗——站在古樸的老街上，眼前青磚塑就的門廳仿彷彿在講述著滄桑的歷史，一穿過玻璃門，民間評書藝人的激情聲音伴隨著驚堂木的敲打襲耳而來，轉過照壁，眼前仿古的用餐環境散陳開來，觸目所及盡是精緻的雕花窗片、門片，似乎一個轉身，就能穿越時空觸摸到那逝去的古韻。

下到地下樓，找個舒適的位置，來杯蓋碗茶就能享受那評書藝人在戲台上生動的擺著龍門陣，挑高直達屋頂天窗的戲台，投射進來的午後陽光成了自然的聚光燈，讓您輕鬆的聚焦於輕鬆有趣的評書。

成都映象的整體空間延續原址的老建築結構再做些許延伸，一樓是小吃與各式包廂，地下一樓是茶坊兼營小吃，二、三樓則是各種包廂。菜品以具有經典特色的佳肴、小吃為主，若是事前訂餐則能依需求提供具特色的創新菜品。

■**地址**：成都市窄巷子16號 ■**訂餐電話**：028- 86245678 ■**人均消費**：68～200元人民幣 ■**消費方式**：現金、銀聯 ■**座位數**：大廳約60位，各式包廂15間 ■**自駕車**：寬窄巷子為步行街，附近有收費停車場 ■**好耍提示**：在寬窄巷子，各種配套設施齊全，住宿、中餐、西餐、茶樓、看川戲一應俱全。

Must
select
必點！特色菜
椒麻雞
米椒鱔段
涼麵白肉
紅燒肉

Specialty Meal

解密！招牌菜

■解密01

映象九斗碗

九斗碗是四川川西壩子裡有節慶嫁娶時民間宴席的名字，有人說，它是由九大碗特色主菜組成，所以叫九斗碗（九個大碗的意思）。這裡的映象九斗碗由九種菜肴組成，呈現出川西的飲食風情，九種菜肴分別是紅油雞塊、虎皮青椒、香碗、八寶飯、青筍燒肥腸、魚香肘子、鹹燒白、野菌燉雞和蜜汁南瓜。

01

02

■解密02

水煮靚鮑仔

【原料】

大連鮮鮑12頭，茶樹菇250克，杏鮑菇50克，芹菜50克，蒜苗50克，郫縣豆瓣200克，薑米10克，蒜米10克，蔥花15克，泡椒末50克，生抽醬油、老抽醬油、料酒、乾辣子、花椒粒、味精、雞精、雞粉、太白粉水各適量。

【製法】

1. 大連鮮鮑打上十字花刀，汆水後備用。
2. 茶樹菇、杏鮑菇、芹菜、蒜苗熗炒後墊入盤底，炒鍋中下郫縣豆瓣、泡椒、薑米、蒜米炒香上色，掺入少許鮮湯，調入味精、雞精、雞粉、生抽醬油、老抽醬油、料酒等。
3. 打去料渣，下入鮮鮑，勾入二流芡後起鍋裝盤。鍋中熗香乾辣椒和花椒粒，澆在鮑魚仔上，最後撒上幾粒蔥花提香即可。

03

■解密03

紙包什錦

【原料】

夾縫肉250克，海參100克，香菇50克，冬筍50克，紅蘿蔔50克，馬蹄60克，韭菜80克，雞蛋4個，糯米紙1袋，麵包糠、胡椒粉、精鹽、味精、雞精、一品鮮、香油適量，沙拉油1000毫升（約耗80克）。

【製法】

1. 夾縫肉、海參、香菇、冬筍、紅蘿蔔、馬蹄、韭菜均切成粒，然後把海參、香菇、冬筍、紅蘿蔔汆燙後過油備用。
2. 炒鍋注入沙拉油燒熱，下肉粒炒至八成熟，再下入剩餘的輔料，調入雞精、味精、一品鮮、精鹽、香油等，炒勻後起鍋晾涼，加入韭菜拌勻
3. 取糯米紙按30克一件包好，裹勻蛋液後沾上麵包糠，入油鍋炸至金黃即可成菜。

上席

尋回川菜的那些經典味道

「食為天道，客即上席」，「上席」的經營者石光華，是一位好詩又好食的文人。幾年前，石光華寫了一本書《我的川菜生活》，娓娓講敘川菜生活的箇中況味，把菜譜裡的江湖人生擺了一回。如今，他終於將案頭的川菜生活，落實到了灶頭。石光華把那些幾乎失傳的精品川菜加以恢復與傳承，努力使「上席」成為發揚川菜文化價值，重現川菜精髓的美味餐館。透過石光華的收集、發掘與整理川菜中幾乎失傳的美味珍饈，若比喻川菜成音樂，而窄巷子中的「上席」正是要重新演繹經典川菜的樂章，讓食客品味川菜的至高境界。因為在「上席」，上菜的順序和快慢也極為考究，如同音樂一樣，根據菜式的口味與用餐者的食用速度而有輕重緩急的節奏。

「上席」位於成都窄巷子的一個大院落裡，據說這裡曾經是清朝的小學。走入「上席」，處處都可以感受到文化餐飲的意趣，如欄杆上的葫蘆代表「福」，支撐柱子是近百年歷史的老柱頭。在大樹濃蔭下，雲水光影間，近一千平方公尺的空間中，僅僅安排了10個包廂，最大的包廂名為「在田」，就是取自《易經》「見龍在田」。流水回環，在庭院天井中別出心裁地以錯落、倒放著的泡菜罈子和古舊酒罈子做夜燈，每當入夜就散發出一份獨有的幽雅、寧靜和溫馨。

說到「上席」的總廚李宏偉師傅，師從中國烹飪大師盧朝華，他精通傳統川菜製作而又不拘泥於古法，比如他用法國鵝肝來製作傳統的肝膏湯，把血燕與傳統的雞豆花相結合，……等。在這幽靜的環境中，您可以品嘗到正宗川菜，也宣導正在推廣的「慢食」理念，採用預先配菜的中餐西吃形式用餐。來這裡吃飯，您需要提前一天訂餐，訂餐後會有專人跟餐，瞭解您的的口味、禁忌、喜好等，讓人有倍受尊寵的體驗。

■**地址**：成都市寬巷子38號院 ■**電話**：028-86699115 ■**人均消費**：388元人民幣起 ■**消費方式**：現金、銀聯 ■**座位數**：各式包廂10 間 ■**自駕車**：寬窄巷子為步行街，附近有收費停車場 ■**好耍提示**：在寬窄巷子，各種配套設施齊全，住宿、中餐、西餐、茶樓、看川戲一應俱全。

Must select
必點！特色菜
金鉤蜜豆
燕窩雞豆花
功夫湯
椒麻雞
茶聊鴨
臘香艾饃

Specialty Meal

解密！招牌菜

02

■解密01

吉祥三寶

【原料】

青瓜100克，金蟲草花30克，海蜇頭100克，蒜片10克，鹽、雞粉、香醋、香油各適量。

【製法】

1. 青瓜切成圓片，加鹽稍醃再擠去汁水，然後加鹽、蒜片和香油拌勻裝碟。
2. 海蜇頭片成片，用流動的水沖漂乾淨，撈出擠乾水後，加鹽、雞粉、香醋和香油拌勻裝碟。
3. 金蟲草花用水泡發後，放高湯鍋裡煨入味，再撈出來擠乾水分，晾涼。加鹽、雞粉和香油拌勻裝碟。

03

01

■解密02

魚香烏龍茄

【原料】

紫茄3根，蝦膠100克，泡椒茸、薑米、蒜米、蔥花、鹽、味精、白糖、醬油、醋、太白粉水、鮮湯、沙拉油各適量。

【製法】

1. 紫茄切去兩端，剞上花刀，再分別於刀口內釀入蝦膠，入熱油鍋炸熟後，撈出來擺在盤裡。
2. 鍋裡放沙拉油燒熱，下泡椒茸、薑米和蒜米炒香後，摻入鮮湯，再放鹽、味精、白糖、醬油和醋調好味，隨後勾薄芡並撒入蔥花，出鍋淋在茄子上面，即成。

■解密03

乾燒遼參

【原料】

發好的遼參300克，豬五花肉粒50克，香菇粒20克，冬筍粒30克，鹽、料酒、雞粉、鮮湯、香油、沙拉油各適量。

【製法】

1. 將發好的遼參切成條，先放至調過味的鮮湯鍋裡小火煨入味。
2. 鍋裡放沙拉油燒熱，下豬五花肉粒煸炒出油，烹入料酒並摻少許鮮湯，再下香菇粒、冬筍粒和遼參條燒至湯汁略收，其間放入鹽和雞粉調味，待燒至湯汁將乾時，淋香油即可出鍋裝盤。

Chengdu
RESTAURANT
06.

寬巷子3號

當設計遇上美食

「寬巷子3號」由傳統川西四合院改建，中式風格裝修，意味十足的中式條案、花梨窗柵、彩紋大鼓，就連小小的燭臺，也情趣盎然。座落於成都寬窄巷子飲食圈的點睛之處，大門為實木材質，用錫皮包裹，依循傳統繪製手持香爐和瑞鹿的財神，寓意生意興旺、財源滾進。

「寬巷子3號」只有九間包廂，每間都各有風情，各有掌故。這裡是「提前訂餐制」中餐館的典型代表，主要體現在「關門作生意」，「閉門迎客」上。「提前訂餐制」，是指客人需要提前一兩天預訂——既能確保承接足夠而恰當的高級宴請人數，又能避開臨餐當下倉促點選菜品使烹製和服務品質變差的弊病，清楚展現「精品私廚」的市場定位。「寬巷子3號」所提倡的是：「堅持美食餐飲是日常所需，在寬巷子3號裡，我們把它演變成了一種文化消費」。

「寬巷子3號」的主廚劉全剛師傅，擅長創新，他在「融合兼收」的基礎上「去粗存精」，烹製各式味美形佳的新派川菜。對於高檔宴席，劉師傅更大量採用有機食品和上等食材，精心烹調出美味又健康的佳肴。對川菜傳統的創新，他更廣泛吸收歐、美、日本料理的精華，不光菜肴製作精細，更精挑盤飾與之搭配，不只讓您在舌尖味蕾上驚艷，還讓您的視覺感到炫麗。

「寬巷子3號」，以文化精品的思維和視角，貫穿它的整個內部裝飾，以及它的美食菜肴，它以私廚美食坊的美譽，誘惑您的味覺，而逐漸成為成都時尚界的一個會客廳。

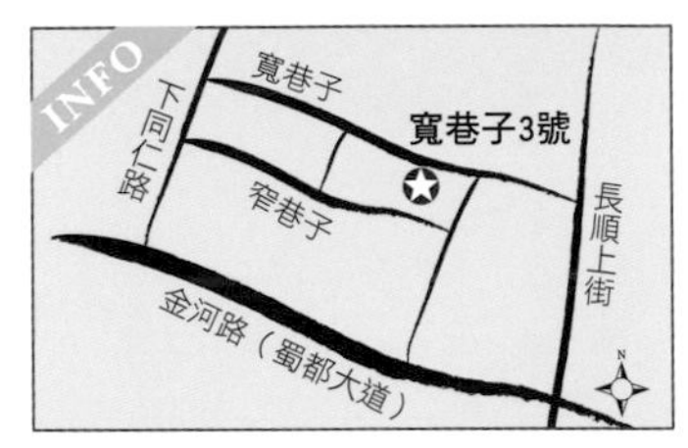

■**地址**：成都市寬巷子3號 ■**訂餐電話**：028-86261338請提前2～3天預定 ■**人均消費**：400 元人民幣起 ■**消費方式**：現金、銀聯 ■**座位數**：大廳4個卡座，各式包廂9間 ■**自駕車**：寬窄巷子為步行街，附近有收費停車場 ■**好耍提示**：在寬窄巷子，各種配套設施齊全，住宿、中餐、西餐、茶樓、看川戲等一應俱全。

■ 市中心區
■ 城東區
■ 城西區
■ 城南區
■ 城北區
■ 郊區

Must select
必點！特色菜
琥珀蛋
米涼粉燒鮑魚
密製醬香雞丁
吉利龍蝦
桂花糯米藕
紅紅火火
喜吉蝸牛
筍殼盅

Specialty Meal

解密！招牌菜

01

02

03

■解密01

西蜀多寶魚

【原料】

多寶魚1條、黃豆芽100克、黃瓜條50克、乾辣椒100克、乾青花椒20克，薑蔥水、鹽、料酒、太白粉水、秘製香料油各適量。

【製法】

1. 多寶魚宰殺治淨後取淨肉，片成薄片，納盆中加薑蔥水、鹽、料酒和太白粉水醃入味待用。魚骨放入沸水鍋裡汆熟。
2. 黃豆芽和黃瓜條入沸水鍋裡汆一水（四川慣用語，汆燙一下的意思），撈出瀝水後放深盤裡墊底，再把汆熟的魚骨擺在上面。
3. 鍋裡放秘製香料油燒熱，下魚片滑熟後，撈出來擺在魚骨上面，隨後投入乾辣椒節和乾青花椒熗香，出鍋倒在深盤中的魚片上即成。

■解密02

奶香藍莓子薑

【原料】

鮮子薑150克，藍莓醬、蜂蜜、牛奶、椰漿、三花奶水、白糖、魚膠粉（吉利丁）適量。

【製法】

1. 鮮子薑切成絲後，加藍莓醬和蜂蜜醃漬待用。
2. 鍋裡摻少許的清水，加牛奶、椰漿、三花奶水和適量的白糖燒開後，再加入用水化開的魚膠粉攪勻，出鍋晾冷後放入冰箱冷藏室稍凍一下，使其凝固。
3. 取出凍成形的奶凍，用模具壓成橢圓柱坯子，再用小勺在頂端舀一個「窩」，隨後夾入醃好的藍莓薑絲，裝盤後稍加點綴，即成。

■解密03

法國松露鵝肝蒸蛋

【原料】

雞蛋9個、松露9片、法國鵝肝泥100克，鹽、松茸濃湯適量。

【製法】

1. 雞蛋剪開一個小口後，倒出蛋清和蛋黃，將蛋殼洗淨晾乾待用。
2. 在蛋清裡加入松茸湯和鹽攪勻，再倒進蛋殼，入籠小火蒸熟後，取出來分別放上一小坨製好的鵝肝泥和一片松露，最後裝在特製的盛器裡即成。

Chengdu
RESTAURANT
07.

蓉國食府

蘊藏在都市深處的天然有機餐廳

川菜美譽傳天下，自古道：「吃在四川，味在成都」，成都市芙蓉飯店的蓉國食府是一家秉承老成都飲食傳統文化的精品川菜食府，融蜀西庭院菜系及蜀南竹海珍席之精華，用料講究，菜品加工製作均採用有機、天然、環保的原材料；沿用老成都川菜的紮實製作工藝，結合不斷發展的川菜烹調新工藝，建立一個市場特點，就是專門供應天然又健康的美味佳肴，業界更推崇其為「蓉府菜」。

「宣導天然，吃出健康」是蓉國食府的美食理念，食府堅持非有機天然的原料不用，始終追求飲食的最高境界——健康與美味兼具的佳肴。因此，蓉國食府成為成都市首批通過「成都市綠色餐廳」認證的餐飲企業。開業以來，秉持有機環保與美味佳肴的完美結合而著稱於業界；其特色菜肴有 「土雞蛋炒竹蓀蓋」、「子薑竹胎」、「竹珍菌王土雞湯」等竹珍系列和「一品獅子頭」、「松茸燴雞片」、「乾撈粉絲蝦」、「河水清波」、「五糧玉液燒白」等精品川菜，深受顧客的喜愛和讚揚。

如店中墨寶所題：「嘗蓉國食府之珍肴，能識宴飲之美妙也」；在川菜美味的道路上，蓉國食府堅持健康與美味要兼備，將傳統川菜與創新川菜相結合並進一步提升，並把有機食材與美味烹調進一步結合，開發出天然健康系列菜肴，期盼每人都可享受「蓉府美食新天地，共邀賓客府中醉」的美好體驗。

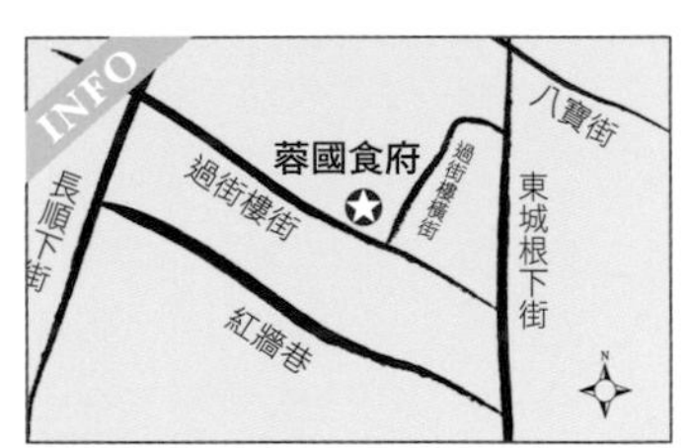

■**地址**：成都市過街樓街99號 ■**訂餐電話**：028-68086699 68086646 ■**網址**：www.fff99.com ■**人均消費**：約70元人民幣 ■**消費方式**：現金、銀聯 ■**座位數**：共約200位，提供各式包廂14間 ■**自駕車**：自有停車位 ■**好耍提示**：此餐廳隸屬於三星級的芙蓉飯店，擁有配套的會議室、茶坊、KTV並提供住宿，鄰近騾馬市商業區。

Must select
必點！特色菜
土雞蛋炒竹蓀蓋
藏白菌燒雞
藏白菌燒雞
竹衣肉片
泡椒竹蓀蛋

Specialty Meal

解密！招牌菜

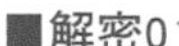

■解密01

土雞蛋炒竹蓀蓋

【原料】

竹蓀蓋150克，農家土雞蛋4個，青紅甜椒塊100克，香蔥節10克，川鹽、香油、沙拉油各適量。

【製法】

1. 土雞蛋加入鹽攪打均勻。竹蓀蓋洗淨待用。
2. 鍋裡放沙拉油燒熱，先下雞蛋液煎至熟透且色呈金黃，用鍋鏟鏟成小塊後，放入青紅甜椒塊、香蔥節和竹蓀蓋炒勻，其間加入鹽和香油調好味，即可出鍋裝盤。

■解密02

桂花竹燕窩

【原料】

竹燕窩200克，土雞蛋2個，紅甜椒粒20克，蔥花50克，鹽、味精、香油、沙拉油各適量。

【製法】

1. 土雞蛋磕入碗內，攪散待用。竹燕窩清洗乾淨。
2. 鍋裡放沙拉油燒熱，先下雞蛋液炒成鬆軟而散的「桂花」狀，再下竹燕窩炒乾水氣，放鹽和味精調好味後，放入蔥花和紅甜椒粒炒勻，起鍋裝盤即成。

01

02

03

■解密03

竹胎鞭花

【原料】

煮熟的牛鞭300克，竹胎200克，青紅辣椒節50克，蒜瓣40克，薑片20克，香菜節10克，鹽、味精、雞精、鮮湯、香油、紅油各適量。

【製法】

1. 煮熟的牛鞭剞成菊花花刀。竹胎切成四小塊，氽一水（四川慣用語，氽燙一下的意思）備用。
2. 鍋裡放紅油燒熱，下蒜瓣和薑片先炒香，再放入竹胎塊和牛鞭，摻少許鮮湯略燒，待放入鹽、味精和雞精調好味後，放入青紅辣椒節，勾薄芡並出鍋裝盤，最後點綴香菜，即成。

Chengdu
RESTAURANT
08.

張烤鴨風味酒樓〔總店〕

酒水穿腸過，美味心中留

記得有一位朋友曾經半含著口水跟我說：「兒時的最大夢想，就是每天能吃上一頓烤鴨子。」

提起烤鴨，大多數人也許立刻會想到北京烤鴨，但是在成都，情況不同，此烤鴨非彼烤鴨。

川人所說的烤鴨通常都是特指「冒烤鴨」， 其製法是：肥鴨宰殺治淨醃味，接著，往鴨腹內灌入鹽、五香粉、薑蔥、料酒等調輔料，用一根細長鴨針將鴨腹下部別好後，入焖爐烤熟。烤熟的鴨子斬成條塊裝盆，再舀入滾沸的滷水反覆冒燙，最後帶湯帶汁地上桌。

四川烤鴨表皮沒北京烤鴨酥脆，顏色也不太講究，但對味道的要求非常高——香辣滋潤、汁多油重，以此滿足川人的偏好口味。

如果要提冒烤鴨的大家，位於市中心青石橋古臥龍橋的張烤鴨絕對排得上號，甚至稱得上是川式烤鴨的領頭羊。

先透露一點秘密：從原料上說，「張烤鴨」擁有自己的養殖基地，絕不使用外來鴨子，且限量供應；從烹飪器具來看，店後的烤鴨作坊裡，有兩個「聚寶盆」——土法烤爐。店家自豪地稱，這是目前成都市僅存的老式烤爐，現在大多數的冒鴨子，都是在現代化的不銹鋼焖爐裡烤出來的。同時，他們一直堅持使用天然的青杠木炭，這是「張烤鴨」風味獨具的秘訣；再說其冒鴨用的滷水，鮮香醇厚，當年日本廚界朋友來過兩次，不光一次點兩隻鴨子，連滷水都一匙一口地喝了個乾淨，連稱「神奇」。除了冒烤鴨，張烤鴨現也開發出一整套鴨肴，從鴨肉、鴨頭，到鴨掌、鴨胗，可說是十全九美。

張烤鴨，這家幾十年的老店，乍看下貌不驚人，其風味菜肴卻有極好的口碑，「張烤鴨，酒水穿腸過，美味心中留」、「美味三絕、好吃不貴」、「菜豐、味美、價廉」等讚譽之詞不脛而走。

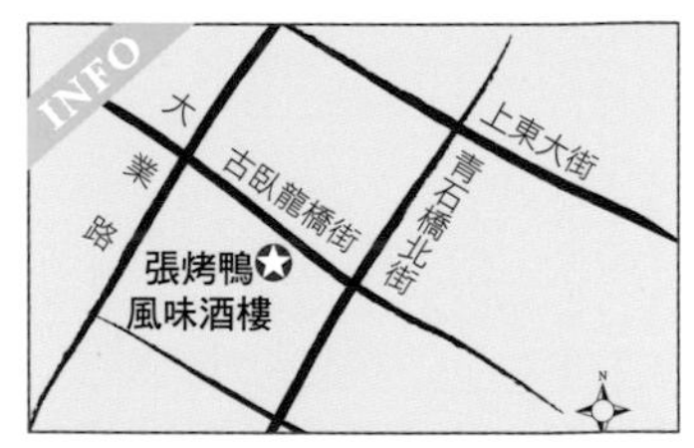

■**地址**：成都市古臥龍橋街55號 ■**訂餐電話**：028-86665833 ■**人均消費**：約50元人民幣 ■**網址**：www.cs-zky.com ■**消費方式**：現金、銀聯 ■**座位數**：大廳約400位，各式包廂22間 ■**自駕車**：公有停車場，車位數量50個 ■**好耍提示**：附設茶坊、機麻、棋牌。

Must select
必點！特色菜

Specialty Meal
解密！招牌菜

■解密01

特色烤鴨

【原料】

特供田鴨1隻，精選秘製香料、滷料、調料適量。

【製法】

1. 選用當年放養、體格均衡肥嫩之麻鴨，經活殺、扒毛、剖腹、去髒、除腥、晾乾等工序後備用。
2. 在風乾的鴨腹內置入精選秘製香料、滷料和調料，然後放入燃有青杠木的烤爐內以陰火吊燒之，底下預放接油的湯窩。
3. 鴨油滴入預放的湯窩中，取出後用以調製特製滷汁。
4. 食用時將烤鴨剁成塊，用特製滷汁冒製後即食。

■解密02

椒香鴨掌

【原料】

去骨鴨掌250克，羅漢筍100克，青辣椒圈、青花椒、蔥、蒜、薑、鹽、味精、雞精、藤椒油適量。

【製法】

1. 去骨鴨掌放入加了蔥、薑、鹽的清水中煮熟待用，羅漢筍汆水墊底。
2. 淨鍋加入混合油，下薑、蒜、青辣椒圈、青花椒翻炒均勻，加入高湯和鴨掌同煮約2分鐘，調入鹽、味精、雞精、藤椒油，出鍋倒入羅漢筍的鍋子內，上桌用卡式爐保溫即成。

■解密03

醬爆鴨舌

【原料】

精選鴨舌250克，羅漢筍100克，油700克，青紅辣椒、薑、蒜片、秘製醬料以及太白粉水適量。

【製法】

1. 鴨舌洗淨入滷水中浸煮約15分鐘，撈出待用；羅漢筍切條、青紅辣椒對剖切段，待用。
2. 淨鍋下油700克燒至七成熟，下鴨舌、羅漢筍，微炸，倒出。
3. 鍋內下薑、蒜片爆香；再下鴨舌、羅漢筍、秘製醬料翻炒，下青紅辣椒段，用太白粉水勾芡，裝盤即成。

01

03

成都
市中心區
Chengdu
RESTAURANT
09.

添意酒樓

簡單的巧思卻讓人有意外的驚喜

在正府街上的添意酒樓是很有名氣的火爆餐館，位處市中心。這裡是逢年過節、聚會的最好選擇，不只是大廳敞亮，包廂安靜，最重要的是自有大型停車場，在停車日漸困難的市中心而言是一大特點。

這裡的裝修風格以舒適為原則，不強調華而不實的裝飾，反映在菜品上就是份量足、菜肴可口、價格合理。如小米遼參，一上桌鮮香撲鼻，黑白相間的遼參條以綠葉襯底，加上紅小米椒粒與青豆點綴其間，簡單卻誘人。一入口軟糯滑口、鮮辣滋潤、清香味美！又如荷葉粉蒸肉，精選豬五花肉切成大片，加米粉、細豆瓣醬、味精、紅油等拌勻。再取荷葉鋪在長方形的模具內，然後擺放入拌好味的五花肉片，再將泡好的青豆撒在上面，入籠把肉蒸熟以後，取出來翻扣在盤內，方方正正的，打破常見的粽形或圓形的成菜造型，簡單的巧思卻讓人有意外的驚喜，特別是掀開荷葉的瞬間，扎實的份量、撲鼻的香氣，令人食指大動。

添意酒樓一樓的大廳相當寬敞，餐桌之間刻意保留相對舒適的距離，讓食客們可以舒適的用餐，同時設有一開放式涼菜間，玻璃乾淨明亮，不只可以邊用餐邊欣賞涼菜師傅的廚藝，那乾淨明亮的環境讓人對添意酒樓的菜品更有信心；而樓上的用餐空間則有各式的大小包廂，可滿足消費大眾的各種需求。

■**地址**：成都市正府街77號 ■**訂餐電話**：028-86615855 ■**人均消費**：約40元人民幣 ■**消費方式**：現金、銀聯 ■**座位數**：大廳約100位，各式包間20間 ■**自駕車**：設有大型停車場 ■**好耍提示**：自有茶坊、機麻，近文殊坊（以文殊院為核心的仿古休閒旅遊街區）和騾馬市商業區。

Must select
必點！特色菜
春色雞片
脆香鴨片
荷葉粉蒸肉
米椒海參
南瓜甜燒白

Specialty Meal

解密！招牌菜

01

02

03

■解密01

手掌涼粉

【原料】

米涼粉500克，滷熟的牛肉80克，豆瓣醬、老干媽香辣醬、花生米、鹽、味精、雞粉、白糖、蔥花、芝麻適量。

【製法】

1. 把米涼粉切成手掌大小的厚片，然後疊放在方盤內。另把滷熟的牛肉切成方丁，下到七八成熱的油鍋裡炸酥脆後，再撈出來待用。
2. 鍋入油燒熱，下豆瓣醬、老干媽香辣醬、花生米和牛肉丁一起翻炒，其間還要加放鹽、味精、雞粉、白糖等，直到炒成牛肉臊子才出鍋。最後把這炒好的牛肉臊子舀在涼粉上面，撒上蔥花和芝麻便好。

■解密02

脆香鴨片

【原料】

鴨脯肉300克，鍋巴150克，麵粉漿、麵包粉適量，乾辣椒、鹽、味精適量。

【製法】

1. 把鴨脯肉切成小片，經碼味上漿後，再沾上一層麵包粉，便放進六、七成熱的油鍋裡，炸熟了撈出來瀝油。另將鍋巴也下入油鍋炸酥脆。
2. 炒鍋內放少許的油，先下乾辣椒炒香，再把炸好的鴨片、鍋巴、鹽和味精放進去翻炒約2分鐘，裝盤即成。

■解密03

米椒海參

【原料】

水發海參400克，芥菜葉100克，紅小米椒粒30克，青豆40克，豬肉粒50克，香菜末、鹽、味精、雞粉適量。

【製法】

1. 把水發海參切成一字條，另把焯過水的芥菜葉鋪在盤內墊底。
2. 鍋入油燒熱，下紅小米椒粒、青豆、香菜末、豬肉粒等用小火炒香後，再把海參條放進去翻炒，出鍋前調入鹽、味精和雞粉，炒勻即成。

Chengdu RESTAURANT 10.

食里酒香

香飄十里，本色美食，健康生活

遊訪過成都市的知名景點文殊坊，您或許已經饑腸轆轆，出口沿人民中路往北漫步數分鐘，就能看到位於路畔的食里酒香。食里酒香處於萬福橋頭、府南河畔，毗鄰騾馬市繁華商業區，距火車北站僅一公里。地理位置優越、交通便捷，加上它隸屬騰雲樓賓館並位於一樓，對外地來的住宿遊客也顯得格外方便。

走進「食里酒香」，您似乎有回到家的溫馨感，金黃色的店招、火紅的燈籠、淺黃色的桌布、淡雅的窗簾、柔和的燈光……。在大廳的一角，還有一個用透明玻璃隔開的涼菜廚師操作室，您可以欣賞味美的涼菜是如何製作出來的。

攤開食里酒香的菜單，首先要關注的是這裡的特色川菜，其中野豬肉系列佳肴最受好評，有板栗燒野豬排、蕎麵野豬肉、蒜香野豬排、小炒野豬肉等，道道都極具味覺誘惑力。此外，其風味燉品也是錯

過可惜的菜色，店內有各種美味滋補的湯品，如棒骨燉粗糧、烏雞湯、老鴨湯、海鮮湯、羊肉湯、甲魚湯等等。「食里酒香」，香飄十里，物美價廉，食里酒香總經理陳飛說，他們店是「中上的菜品，中下的收費」——菜品價格比同類檔次的餐廳普遍都要低。

「本色美食．健康生活」，是食里酒香菜肴的出品追求。據餐廳的大師傅龍建中介紹，其致力於打造綠色健康美食，不但食料天然有機，而且還盡力將美味與藝術相結合。以一道滷野豬肉為例，用川式滷水滷製出來的豬肉格外的香嫩，裝盤時廚師特地將肉片拼擺成漫妙蝴蝶狀，一端上桌極具視覺誘惑力。

如今，好酒也怕巷子深，「食里酒香」的菜好味美卻也不忘勤吆喝，比如，凡在這裡訂婚宴的顧客，餐廳不但贈送蛋糕、香檳酒、水果拼盤、婚宴環境佈置，甚至連新人房間、名牌禮車也都可以免費提供，而婚宴席桌的價格卻是相當優惠。如此給力的行銷措施，如何不讓有需求的顧客心動呢？

■**地址**：成都市金牛區人民北路一段3號 ■**訂餐電話**：028-86689111 ■**人均消費**：約80元人民幣 ■**消費方式**：現金、銀聯 ■**座位數**：大廳約230位，各式包廂6間 ■**自駕車**：有免費停車壩子，車位數量60～70個 ■**好耍提示**：自有茶坊、機麻、棋牌，附近就是文殊院佛教旅遊勝地。

■ 市中心區
■ 城東區
■ 城西區
■ 城南區
■ 城北區
■ 郊區

Must select
必點！特色菜
蕎麵野豬肉
食里酒香
蒜香野豬排
蘸水野豬肉
紅燒野豬肉

Specialty Meal
解密！招牌菜

■解密01

板栗燒野豬排

【原料】

野豬排500克，板栗肉250克，郫縣豆瓣20克，秘製香料10克，薑片、蒜片、蔥花各2克，鹽、味精、雞精、醬油各少許，清江菜、青花椒各適量
沙拉油500毫升

【製法】

1. 把野豬排下沸水鍋裡過水後，撈出來瀝乾水分，再入油鍋，炸至顏色金黃時撈出來瀝油；另把板栗下入油鍋，炸至顏色金黃時撈出瀝油，均待用。
2. 鍋中注油燒熱，先下郫縣豆瓣炒香，再下秘製香料稍炒，加入1公升水燒開，續放入炸好的野豬排以小火慢燒約30分鐘至熟，其間加入薑片、蒜片、鹽、味精、雞精、醬油和蔥花調味。
3. 最後放入板栗燒約5分鐘，即出鍋裝盤，用汆過水的清江菜圍邊，撒上青花椒，澆熱油激香即可。

■解密02

小炒野豬肉

【原料】

野豬肉250克，小米辣椒、小尖椒各50克，蒜薹20克，一品鮮5毫升，辣鮮露10克，味精、雞精、鹽少許，沙拉油500毫升（約耗10毫升）

【製法】

1. 野豬肉切薄片，下沸水鍋過水後撈出瀝乾水分，再下入油鍋過油，撈出來瀝油；蒜薹下油鍋過油；小米辣椒、小尖椒對剖，均待用。
2. 鍋留底油燒熱，先放野豬肉片炒香，再加入小米辣椒和小尖椒略炒，然後放入蒜薹翻炒至斷生，其間加一品鮮、辣鮮露、味精、雞精、鹽等炒勻，即可。

■解密03

蝴蝶野豬肉

【原料】

野豬五花肉250克，黃瓜片10片，蝦1隻，鹽、香料、花椒、辣椒、薑片、蔥節、料酒各適量，川式滷水1000毫升

【製法】

1. 野豬五花肉納盆，加鹽、香料、花椒、辣椒、薑片、蔥節和料酒醃10個小時，然後下沸水鍋裡過水斷生，撈出後放入川式滷水鍋裡滷約30分鐘至熟透入味。
2. 將滷好的野豬五花肉撈出來晾涼後切片，備用。
3. 黃瓜片擺盤底，把滷製好的肉片在上面擺成蝴蝶形，以蝦作蝴蝶背，稍加裝飾即成。

01

02

03

■市中心區
■城東區
■城西區
■城南區
■城北區
■郊區

Chengdu
RESTAURANT
11.

芙蓉國酒樓

味尖出頭、香源豐富、韻勁寬長

在幽靜的府南河畔，六層樓高的芙蓉國酒樓懷著熱情的心靜候著八方食客的光臨。一進大門，電梯口的燈牌已在為您「指路」：一樓茶社、二樓大廳、三樓雅間、四樓辦公、五樓雅間、六樓豪雅，由此不難想像這家酒店的陣容。

嬌美的芙蓉花是成都市的市花，芙蓉國酒樓也充滿了芙蓉的多姿情韻。上到三樓雅間區域裡的豐映亭，您彷彿來到了一個別緻的古典世界：中間是一個對稱的六邊形亭台，由暗紅色的長木柱支撐著，亭台裡設有雅座可就餐，環繞其周圍則是六七個精緻的雅間：芙蓉府、芙蓉園、芙蓉香、芙蓉堂、芙蓉座、芙蓉殿……再上到六樓，包廂名清一色的芙蓉錦、芙蓉繡、芙蓉春、芙蓉色……可謂是處處有芙蓉影。

在這如古典紅樓般的環境裡就餐，自是一件讓人怡情悅志的事。這裡的菜品更是錦上添花，其廚藝、風味、特色博

得諸多饕客的好評。在大眾點評網上，有位從雲南來的遊客留言講述自己的遊吃經歷，說自己來了成都兩天，吃了幾家大牌的傳統小吃店和火鍋店，走走逛逛來到芙蓉國，在這裡吃了一頓以後，萬分感歎：「後悔這麼晚在最後一天才發現（芙蓉國）這家店！」她也大力推薦自己在這家店裡吃到的菜點：山藥、蕎麵、木瓜沙拉、野菜餅等。

芙蓉國酒樓行政總廚陳小聰介紹說，他們在菜肴出品上著力體現「成都味道」，又努力追求「味尖出頭、香源豐富、韻勁寬長」的烹飪目標！烹飪理念鮮明，難怪出品的菜肴味道能如此讓食客追捧和懷念。如店裡的招牌菜之一「芙蓉留香鴨」，鴨子不大，現烤成菜，色澤金黃，夾起一塊送入嘴裡細嚼，鴨皮酥脆、鴨肉香嫩；又如鮮薄荷炒醬肉，醬肉切得極薄，入口香綿，醬香裡帶有一絲薄荷的清香；而招牌碎香骨色澤誘人，排骨外酥內嫩；山藥燴蝦丸，山藥脆爽，蝦丸柔綿，口感搭配適宜……道道美味，味味牽住您的胃。

■**地址**：成都市金牛區星輝西路10號 ■**訂餐電話**：028-83225328　83226285 ■**人均消費**：約80元人民幣 ■**網址**：www.cdfrg.com ■**消費方式**：現金、銀聯 ■**座位數**：大廳約220位，各式包廂17間左右 ■**自駕車**：自有停車壩子 ■**好耍提示**：自有茶坊、機麻、棋牌，近文殊院旅遊勝地。

Must select
必點！特色菜
香芹拌貝裙
珧柱扣龍茄
水晶牛肉
山藥燴蝦丸
米瓜靚羊肚菌

Specialty Meal

解密！招牌菜

■解密01

芙蓉留香鴨

【原料】

簡陽麻鴨1隻（約500克），鹽、雞精各15克，味精、薑片、蔥段各10克，秘製香料適量，料酒20毫升，胡椒0.5克，麥芽糖約200克，大紅浙醋約300毫升

【製法】

1. 將麻鴨治淨後，納盆加鹽、味精、雞精、薑片、蔥段、秘製香料、料酒和胡椒醃漬2小時，使其入味；另將麥芽糖和大紅浙醋倒入盆中，調勻成脆皮水，均待用。
2. 將醃漬好的麻鴨送入烤爐，烤的過程中在鴨全身刷兩次脆皮水，翻烤約1小時至鴨皮色金黃，即取出斬成條，裝盤後便可上桌。

■解密02

招牌碎香骨

【原料】

豬精排1000克、大蒜汁300毫升，鹽、味精各10克，雞精15克，鬆肉粉3克，芙蓉秘製醬料適量，沙拉油1500毫升（實耗250毫升）

01

02

03

【製法】

1. 將豬精排先斬小節，沖水洗淨，納盆加大蒜汁、鹽、味精、雞精、鬆肉粉和芙蓉秘製醬料醃漬2小時待用。
2. 鍋注油燒至八成熱，下排骨炸成色金黃，撈出瀝油後裝盤，即成。

■解密03

剁椒蒸鮮鮑仔

【原料】

鮮鮑仔（10只）、紅二荊條（辣椒）100克、粉絲80克，大蒜、鮮花椒、蔥花、青紅辣椒末各50克，雞精、味精、鹽、薑末各10克，西蘭花200克、菜籽油300毫升

【製法】

1. 將鮑魚治淨並剞花刀，納盆加雞精、味精、鹽和薑末碼味10分鐘，再拌入剁碎的紅二荊條、大蒜和鮮花椒；粉絲用開水泡軟，撈出來加少許鹽拌勻，均待用。
2. 將洗淨的鮑魚殼擺盤，下面墊上拌好味的粉絲，再依次擺上醃好味的鮑魚，入籠蒸約8分鐘至熟。
3. 在蒸熟的鮑魚上撒上蔥花和青紅辣椒末，澆上熱油激香，擺盤即成。

成都
市中心區

俊宏酒樓

傳承川菜精品，不斷創新川菜佳肴

俊宏酒樓開創於1983年。開業之初，名為「俊宏小餐」，以其精美的菜品，熱情的服務，很快受到社會各界美食家的認可，各地食客常慕名而來，品嘗其獨特的川菜風味。1986年，當時的成都市市長胡懋洲光臨小餐，親筆題詞：「雅俗共賞，不盡風流」。

俊宏小餐以其微小的規模榮登當時成都市四大餐館之首，並且一路走來，不斷壯大。經過20多年的精心經營，除了從「小餐」變為酒樓外，現今更成為擁有茶樓、速食、鮑魚火鍋的大型綜合性企業。

值得一提的是，俊宏酒樓幾乎已成為「婚宴」的代名詞，每到週末、節日，無不擠得滿滿當當，原因是，一來俊宏酒樓以四川民俗建築風格為基調，裝修得典雅大方，如一樓的大廳寬敞明亮，可容納400人就餐；二樓宴會廳可容納500人就餐，21個包廂風格各異，功能齊全。因此，酒樓可同時容納上千位賓客。三樓茶坊寬敞優雅，13個機麻包廂，10個手動麻將包廂，有精緻舒適的大廳，上千平方公尺的品茗空間，讓俊宏酒樓也成為眾多食客們休閒、聚會、棋牌、娛樂、洽談業務的理想場所。

新人們最擔心的就是邀請來的親朋好友吃不好、吃不飽，那麼大可放心，俊宏酒樓擁有一支專業技術很強的廚師隊伍，不只傳承川菜精品，更創新川菜佳肴，為廣大食客提供豐富的就餐享受，像「俊宏全家福」、「回鍋牛蛙」等菜品都廣受好評。

酒樓以適中的價格、寬敞的大廳、可切割的彈性用餐空間吸引無了數愛侶將終身大事定情於此。酒樓最高紀錄是曾在一天內同時舉辦七對新人的新婚宴請。從1999年重新開業至今，已成功舉辦1800場新人的婚宴，為廣大新婚青年及其親朋好友留下了美好的回憶。

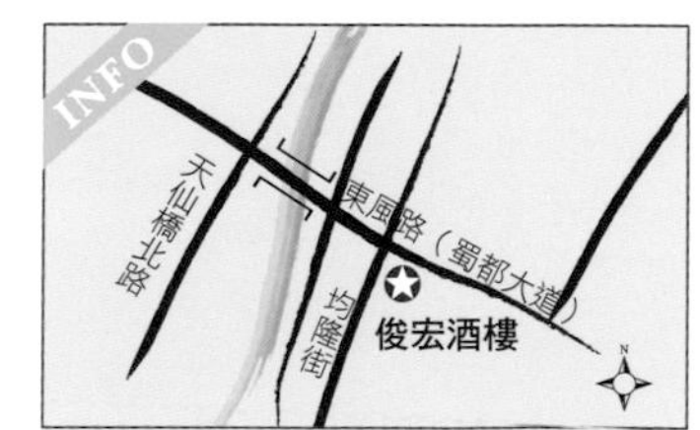

■**地址**：成都市成華區東風路二段15號 ■**訂餐電話**：028-84469998 ■**人均消費**：約47元人民幣 ■**消費方式**：現金、銀聯 ■**座位數**：大廳約1000多位，提供各式豪華包廂20多間 ■**自駕車**：自有停車壩子，車位數量100個左右 ■**好耍提示**：附設茶坊、機麻、棋牌。

Must select
必點！特色菜
回鍋牛蛙
家常大雞片
牛肉煎餅
俊宏水煮魚
悄悄話

Specialty Meal

解密！招牌菜

■解密01

海味獅子頭

【原料】

豬肉500克，鹹蛋黃4個，魷魚100克，青筍、胡蘿蔔、仙菌、馬蹄、香菇、香芋適量。

【製法】

1. 先將豬肉剁成細茸，再加切成粒的馬蹄、香菇、香芋一起攪拌，攪至肉茸有黏性。
2. 起油鍋，取適量的肉茸把鹹蛋黃包在肉餡中間，一一下入七成熱的油鍋中炸至金黃。
3. 將炸好的獅子頭肉圓上籠鍋蒸2個小時。
4. 取出置入缽中，取上等高湯下入鍋中加入青筍、胡蘿蔔、魷魚等調味後略煮，出味後勾薄芡，起鍋澆於缽中的獅子頭肉圓上即成。

■解密02

俊宏全家福

【原料】

海參100克，魷魚100克，裙邊120克，牛鞭花80克，雞腎80克，白果、花菇、紅蘿蔔吉慶塊適量，蔥、薑、料酒、白糖、鹽、味精、濃高湯、香油適量。

【製法】

1. 海參、魷魚、裙邊洗淨切片，牛鞭花、雞腎切花刀。
2. 將海參、魷魚、裙邊、牛鞭花、雞腎用開水焯透，備用。鋪料放於容器下。
3. 鍋中入油放蔥、薑煸炒出香味，放料酒、醬油、白糖、鹽、味精、濃高湯，投入白果、花菇、紅蘿蔔吉慶塊略煮入味。
4. 再下入海參、魷魚、裙邊、牛鞭花、雞腎略煮入味，將料先鋪在盤中。以太白粉水將湯汁勾芡，淋入香油，再澆在主料上即可。

■解密03

醬香大排

【原料】

精豬大排800克，白糖20克，甜醬60克，芝麻、老油適量

【製法】

1. 豬大排洗淨切長段，汆燙斷生後放入用高壓鍋高壓煮至炽熟。
2. 起油鍋，將煮好的豬大排下油鍋炸至金黃色，備用。
3. 另取新鍋，鍋裡放清水一大勺，再加白糖，甜醬炒香，加入炸好的大排炒到可以扒絲的時候，再加芝麻、老油起鍋即成。

市中心區 ■城東區 ■城西區 ■城南區 ■城北區 ■郊區

Chengdu
RESTAURANT
13.

一把骨骨頭砂鍋

棒子骨的美好滋味，盡在其中

「一把骨」，好一個上口的名字，一手把酒，一手執骨，美好滋味，盡在其中。

一把骨砂鍋店從2004年開始推出的棒子骨系列砂鍋很受蓉城食客的青睞，直到現在，每到晚餐上客時，都會有不少食客排隊領號候餐，據店經理介紹，生意火爆時竟可以排到近200號。棒子骨，蓉城市民又稱筒筒骨，這種骨多肉少的玩意兒，一般都用來熬湯，因為它的確沒有啥吃頭。那麼一把骨砂鍋店是如何在棒子骨上面做文章，讓生意火爆的呢？

一把骨的老闆姓佘，最早賣的只是砂鍋蘿蔔棒子骨，由於選用的是筋肉較多的棒子骨，且烹調加工與眾不同——配以酥肉、鵪鶉蛋、香菇、枸杞、肉丸子等長時間燉煮，上桌食用時還要輔以豆瓣醬、牛肉末、芝麻粉、蠔油、海鮮醬、青椒粒、老干媽辣醬等調製的味碟，所以滋味豐富、風格獨特。開店後，時間一長，佘老闆了解到要永續經營就需創新，於是開始在砂鍋棒子骨的品種創新上動起了腦筋，經過潛心研究後，他別出心裁地

Must select
必點！特色菜

蕃茄一把骨

野菌一把骨

乾鍋一把骨

滷一把骨

川式滷味拼

芥末拌毛豆

推出了野菌棒子骨、蕃茄棒子骨、綠豆棒子骨、酸菜棒子骨等十多種棒子骨砂鍋品種。此外，店裡還搭配提供滷菜、拌菜及一些風味小炒菜。

問佘老闆對於一把骨生意這麼好，關鍵在那？他回答得很簡單：一、來店裡啃骨頭、吸骨髓、喝骨湯，味美可口，營養豐富，老少皆宜。第二、店裡的菜品美味又實惠，如一鍋小份的棒子骨砂鍋，足夠四人食用，價格也才50多元人民幣。可見簡單的道理，只要認真做實了，也可以成為賺錢的秘訣！

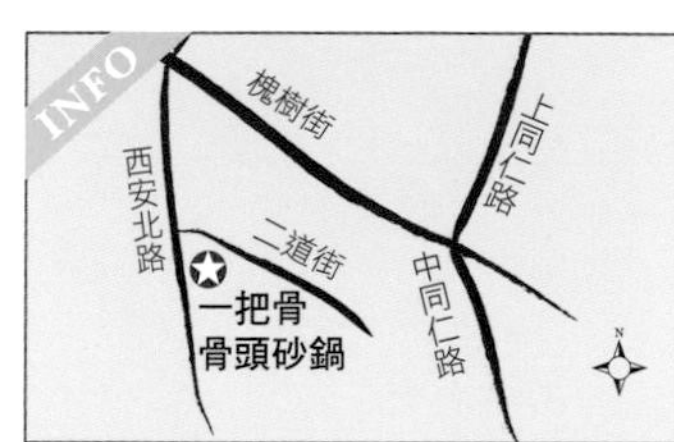

■**地址**：成都市金牛區西安北路26號 ■**訂餐電話**：028-81838396 ■**直營店地址**：成都市一環路南四段26號 ■**訂餐電話**：028-85569807 ■**人均消費**：30～40元人民幣 ■**座位數**：大廳約220多位 ■**自駕車**：周邊有公共停車位 ■**好耍提示**：該店離永陵博物館、琴台路約10分鐘步行路程。此兩處均有不少茶樓和浴足店。

Specialty Meal

解密！招牌菜

■解密01

綠豆一把骨

【原料】

筋肉較多的棒子骨1000克，綠豆100克，肉丸子80克，酥肉80克，煮熟並去殼的鵪鶉蛋80克，大棗、枸杞、薑蔥、精鹽各適量。

【製法】

棒子骨入沸水鍋裡汆水後，再放入湯桶裡，掺入清水，加入薑蔥和綠豆燉製2小時使其熟透出味，然後下入肉丸子、酥肉、鵪鶉蛋、大棗和枸杞再燉20分鐘，最後用精鹽調好味，起鍋盛在砂煲裡即成。

■解密02

乾鍋香辣蝦

【原料】

基圍蝦750克，芹菜節100克，黃瓜塊100克，蒜苗節30克，香辣醬、乾辣椒節、花椒、薑片、蒜片、精鹽、味精、香辣油、熟芝麻、香菜各適量。

【製法】

1. 把基圍蝦洗淨後入油鍋炸酥撈出。
2. 炒鍋放香辣油，先下香辣醬、乾辣椒節、花椒、薑片和蒜片炒出香味，再倒入基圍蝦、黃瓜段、芹菜節同炒約2分鐘，用精鹽、味精調好味，最後撒入蒜苗節、香菜節和熟芝麻，起鍋裝入鍋盆裡即可。

01

02

Chengdu
RESTAURANT
14.

羅妹炬泥鰍·爬爬蝦

以多種風格鮮明的乾鍋品種贏得市場

2005年的3月8日婦女節，愛妻有加的付林輝和妻子羅妹子攜手創辦羅妹炬泥鰍爬爬蝦，最先只經營泥鰍，經過多年的不斷創新，羅妹炬泥鰍爬爬蝦已經發展成為一家經營多種乾鍋品種的特色餐館。在成都市內就有3家直營店，在成都以外還有加盟店20多家。總店位於市中心太升路附近，交通便捷。

羅妹炬泥鰍的店堂以暖色調為主，紅色店招、紅色皮椅、配搭了紅色條紋的黃色牆面，給人熱烈喜慶的感覺，正好突出了四川乾鍋菜香辣刺激的味道風格。

該店的乾鍋菜肴，由獨家配方製作的乾鍋醬和乾鍋油炒製而成，味道香辣醇厚，色澤紅亮誘人。羅妹炬泥鰍的菜品特色在於香辣、蔥香、豉香等多種味道的風格鮮明，泥鰍軟嫩脫骨，吃不出絲毫腥味，堪稱一絕。另外，香辣蟹、爬爬蝦、芋兒雞、金排大蝦、子薑美蛙、香辣土鱔魚等乾鍋品種，也各具特色。

Must select
必點！特色菜

香辣土鱔魚

乾鍋芋兒雞

子薑美蛙

香辣蟹

■地址：成都市太升南路康莊街2號 ■訂餐電話：028-86789766 13032839388 ■人均消費：35～40元人民幣 ■消費方式：現金、銀聯 ■座位數：大廳約200位，包廂3間 ■自駕車：周邊有公共停車位 ■好耍提示：餐廳對面即熱舞會所。

Specialty Meal

火爆！招牌菜

01

■解密01

羅妹香辣𤆵泥鰍

【原料】

鮮活泥鰍750克，芹菜節、蒜苗節、魔芋片、酸菜各100克，特製乾鍋醬料300克，薑片、蔥節各20克，蔥花10克、熟芝麻5克，鹽、料酒、味精、鮮湯、沙拉油各適量

【製法】

1. 泥鰍宰殺治淨，加鹽和料酒醃入味。芹菜節、蒜苗節、魔芋片和酸菜放入沸水鍋裡汆一水，撈出來瀝水後放盆裡墊底。
2. 鍋裡放沙拉油燒熱，先放入薑片、蔥節和特製乾鍋醬料炒香，再掺鮮湯燒沸並加鹽、料酒和味精調好味，放入泥鰍燒開後，倒進高壓鍋壓煮約6分鐘，隨後讓高壓鍋降溫、降壓後揭蓋，倒進墊有各種料的盆裡，撒上蔥花和熟芝麻，即成。

■解密02

金排大蝦

【原料】

鮮蝦400克，精豬排骨500克，鮮香菇片、雞腿菇片、青筍條、洋蔥塊各50克，特製乾鍋醬300克，蔥花、熟芝麻各5克，鹽、味精、雞精、乾鍋油、沙拉油各適量。

【製法】

1. 鮮蝦治淨，放入熱油鍋裡炸熟備用。精豬排骨先放入滷水鍋裡滷熟，撈出來晾冷後，再斬成段，隨後放入熱油鍋裡炸至表面酥硬待用。
2. 鍋裡放沙拉油燒熱，放入特製乾鍋醬炒香，再放入鮮香菇片、雞腿菇片、青筍條和洋蔥塊炒至剛熟時，下入炸好的蝦和排骨繼續翻炒，其間放入鹽、味精、雞精和乾鍋油調好味，最後倒進盆裡，撒上蔥花和熟芝麻，即可上桌。

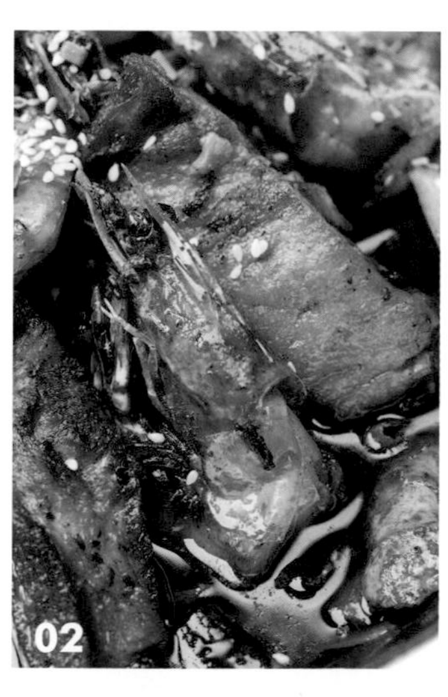
02

翅味鮮

小小的一口乾鍋，做出火爆市場

翅味鮮，一家24小時營業，主營乾鍋的全國連鎖風味飯館——對於成都而言，雖然政府近年來的工作目標是把這裡建設成為一個國際化的大都市，但就實際餐飲消費習慣與市場來看，24小時全天候經營的餐飲企業還是不多見的，甚至在老百姓的印象裡，沒聽過不打烊的飯館。

Must select

必點！特色菜

魚香東坡肘子

鵝肝醬茶樹菇

乾鍋耗兒魚

乾鍋耗兒魚

乾鍋黃喉

魚香東坡肘子

但翅味鮮在菜品風味、特色俱佳的前提下，掌握了這一市場先機，只要是去過翅味鮮的食客們都會發現，在這裡，你能想到的乾鍋美食，沒有吃不到的；你想不到的乾鍋美食，這裡也有！或許正是為此，翅味鮮從當年的第一家店開始，如接力賽一般，在極短的時間裡開遍了成都的大街小巷，把乾鍋做出了出人意料的品牌效應。而與此同時，在成都的大街小巷裡也悄悄然地掛起了一股乾鍋的風潮，這風，吹得滿城乾香，這風，吹得滿城心慌——實在讓人難以想像，這小小的一口乾鍋，竟引領了一派川味風騷。

■**地址**：成都市太升南路康莊街89號附11號 ■**訂餐電話**：028-86658625 ■**人均消費**：30～50元人民幣 ■**消費方式**：現金 ■**座位數**：大廳約200位 ■**自駕車**：周邊有公共停車位 ■**好耍提示**：餐廳旁即熱舞會所。

Specialty Meal
火爆！招牌菜

01

■解密01
蕃茄翅味鮮

【原料】

鴨翅1000克，蕃茄醬、豆芽、鵪鶉蛋、枸杞、大棗、湯料、濃湯、鴨翅煲料各適量。

【製法】

1. 鴨翅汆淨血水，撈起後用冷水漂冷。取炒鍋上火，將漂冷的鴨翅下入鍋中並加入鴨翅煲料。
2. 小火將鴨翅燉至𤆵而不爛且色澤金黃時，摻入濃湯，調入蕃茄醬和其他輔料後炒拌均勻，再用小火煨至入味，即可上桌。

■解密02
乾鍋黃喉

【原料】

鮮牛黃喉400克，青筍、藕、花菜、土豆、大蒜、洋蔥、乾辣椒、花椒、孜然粉、五香粉、乾鍋底料、乾鍋油、碎花生、香油各適量。

【製法】

1. 黃喉洗淨血水，去掉筋膜，剮上梳子花刀後切成5公分長的段。
2. 鍋上火，注入乾鍋油燒熱，投入大蒜、洋蔥、乾辣椒和花椒炒香，加入乾鍋底料，接著放入黃喉翻炒均勻，然後調入五香粉、孜然粉以及碎花生炒勻，起鍋淋上香油即成。

02

永陵博物館

好耍旅遊資訊

市中心區

01

01 古大聖慈寺（大慈寺）

地址：成都市大慈寺路23號
電話：028-86658341
必遊指數：★★★ 體驗指數：◎◎
休閒指數：☆☆

02

02 文殊院

地址：成都市文殊院街15號
電話：028-86952830
必遊指數：★★★ 體驗指數：◎◎
休閒指數：☆☆

03

03 文殊坊「成都廟街」

地址：文殊坊「成都廟街」處在文殊院街、五嶽宮街上，位於文殊院歷史文化保護區內，與千年古寺文殊院一牆之隔。
必遊指數：★★ 體驗指數：◎◎
休閒指數：☆☆☆

04

04 青羊宮

地址：成都市一環路西二段9號
電話：028-87766584 028-87763961
必遊指數：★★★ 體驗指數：◎◎
休閒指數：☆☆

05

05 武侯祠

地址：成都市武侯祠大街231號
電話：028-85552397
必遊指數：★★★ 體驗指數：◎◎
休閒指數：☆☆

06

06 成都錦里古街

地址：成都市武侯祠大街，就位於武侯祠大門旁。
電話：028-85511800（錦里講解中心）
必遊指數：★★ 體驗指數：◎◎
休閒指數：☆☆☆

07

13

09 15

10 17

16

18

07 永陵博物館

地址：成都市永陵路10號
電話：028-87718027
必遊指數：★★★　體驗指數：◎◎
休閒指數：☆☆

08 古船棺遺址

成都市的古船棺遺址，發掘於2000年7月，距今已有2500多年歷史。
地址：位於成都市中心商業街交會口。
必遊指數：★　體驗指數：◎
休閒指數：☆☆☆

09 成都古城牆遺址

成都市的古城牆遺址，經過多年的經濟開發，目前要就近欣賞古城牆遺址僅剩北較場西路。
地址：位於成都市北校場西路和武都路交會口。
必遊指數：★　體驗指數：◎◎
休閒指數：☆

10 天府廣場

地址：位於成都市中心，人民南路與人民東、西路交會口。
必遊指數：★　體驗指數：◎
休閒指數：☆☆☆

11 四川省美術館

地址：成都市東城根上街2號
電話：028-86692390
必遊指數：★　體驗指數：◎
休閒指數：☆☆

12 四川博物院

地址：成都市浣花南路251號
電話：028-65521581
必遊指數：★　體驗指數：◎◎
休閒指數：☆☆

13 四川科技館

地址：成都市人民中路一段16號
電話：028-86631062
必遊指數：★　體驗指數：◎◎
休閒指數：☆☆

14 錦城藝術宮

地址：成都市人民東路61號
電話：028-86659253（售票電話）
必遊指數：★　體驗指數：◎◎
休閒指數：☆☆

15 寬窄巷子

地址：成都市寬巷子、窄巷子。位於人民西路和長順上街交會口的少城小學後方。
必遊指數：★★★　體驗指數：◎◎◎
休閒指數：☆☆

16 合江亭

地址：位於天仙橋路與濱江路交會口。
必遊指數：★★　體驗指數：◎◎
休閒指數：☆☆☆

17 安順廊橋

地址：位於濱江東路9號香格里拉大酒店對面。
必遊指數：★　體驗指數：◎◎
休閒指數：☆

18 水井坊遺址

地址：成都市水井街、金泉街。
必遊指數：★★　體驗指數：◎◎
休閒指數：☆

19 四川大學華西垻校區

地址：位於成都市人民南路三段17號
必遊指數：★　體驗指數：◎◎
休閒指數：☆☆☆

23 琴台路

20 送仙橋古玩藝術城

地址：成都市青羊區浣花北路24號
電話：028-87338748
必遊指數：★　體驗指數：◎◎
休閒指數：☆☆☆

21

21 春熙路步行街

指南新街、中新街、北新街以東，紅星路以西，總府路以南，東大街以北的範圍及臨近的街區。春熙路是歷史悠久，繁華熱鬧的商業街，是成都最具代表性的商業步行街。該區域內有各式商家、百貨公司、美食餐館聚集。
必遊指數：★★　體驗指數：◎◎
休閒指數：☆☆☆

25

22 萬和廣場

指八寶街、西大街一帶及臨近的街區。有眾多大型商場、電影院，附近也有百貨公司
必遊指數：★　體驗指數：◎
休閒指數：☆☆☆

23 琴台路

位於青羊宮旁的以仿漢唐古建築為特色的珠寶一條街。
必遊指數：★　體驗指數：◎◎
休閒指數：☆☆

24 成都旅遊集散中心

欲前往四川省內各旅遊景點都可以在這裡搭到車。
地址：成都市錦江區臨江路57號新南門
電話：028-85433609　028-85446268
必遊指數：★★★　體驗指數：◎
休閒指數：☆

25 人民公園

地址：成都市少城路12號
電話：028-86158033
必遊指數：★　體驗指數：◎◎◎
休閒指數：☆☆☆

27 百花潭公園

28 四川・成都・嬌子電視塔

26 文化公園

地址：成都市少城路12號

電話：028-86158033

必遊指數：★　體驗指數：◎

休閒指數：☆☆☆

27 百花潭公園

地址：位於成都市琴台路南口，浣花溪南岸

必遊指數：★　體驗指數：◎

休閒指數：☆☆☆

28 四川・成都・嬌子電視塔

四川省目前最高的建築物，總高度316公尺，同時也是成都市的地標之一。

地址：位於成都市琴台路南口，浣花溪南岸

必遊指數：★　體驗指數：◎◎

休閒指數：☆

29 成都西南書城

地址：成都市上東大街1-16號友誼廣場A座第一至四層

電話：028-86605069

必遊指數：★　體驗指數：◎

休閒指數：☆☆☆

27

30

30 長順街農貿市場

傳統的社區型農貿市場，就位於寬窄巷子入口廣場旁。

地址：成都市青羊區長順上街117號

必遊指數：★　體驗指數：◎◎◎

休閒指數：☆

31 青石橋海鮮市場

成都的海鮮食材最齊全的市場，晚上還有夜宵海鮮大排檔。

地址：成都市錦江區青石橋南街和古臥龍橋街交會口

必遊指數：★　體驗指數：◎◎◎

休閒指數：☆

31

Chengdu
RESTAURANT

成都
城東區

Chengdu
RESTAURANT
16.

老房子〔東湖店〕

第四城·花園餐廳

浪漫的風情，健康美味的菜肴

穿過城市車水馬龍，越過喧囂紛擾，來到位於幽美的東湖公園裡的老房子第四城花園餐廳。進到這家店的顧客，都恍若置身於一個花園般的世界：抬頭便可望見天花板上鋪陳的美麗花瓣，格外的浪漫，就連那些包廂名，也都取自多種花名：神秘紫羅蘭、清逸水仙、含香臘梅、純潔百合、幽遠梔子花、搖曳荷花……。徜徉在大廳，耳畔傳來輕柔的樂曲，讓您躁動的心也隨之靜謐下來。據說，這家店的老總有著濃厚的藝術氣息與愛好，所以在老房子企業下開張的每一家酒店（樓）都獨具浪漫的藝術風情。

由於這家餐廳設於公園內，它旁邊就有3000平方公尺的大草坪，陽光晴朗的日子，可在這裡舉行草坪婚禮，這樣的浪漫情調使這家店尤其受年輕人的歡迎。

在內外皆優美的環境裡就餐，無疑是一件愉悅的事。

花園餐廳資深廚師長簡志賢分享了老房子所堅持的美食觀：美食不僅要美味可口、賞心悅目，更要吃出健康、愉悅心志。為此，這裡的廚師融合古人五行養生理論和現代營養學，應對不同的地域、氣候、時節，搭配推行各種自然有機、健康味美的佳肴如：四城第一罐、泡筍燒土鱔魚、雙黃一響、指天椒炒岩蛙、招牌六合魚等，都是花園餐廳響噹噹的招牌菜。其中六合魚是源自四川陳家鎮傳說中的老鎮美味，精選鮮嫩肥美的魚肉、老罈泡菜和雲南小米辣椒，精心烹製成菜，紅亮色澤下口感細膩，酸辣鮮香嫩燙六味俱全；而雙黃一響這道菜，主料江黃和黃喉經濃湯及運用天然香草熬製，成菜黃喉鮮香爽脆，江黃肉嫩味香，色澤紅亮，辣而不燥。這座花園裡的饗宴，讓您親炙過後流連忘返。

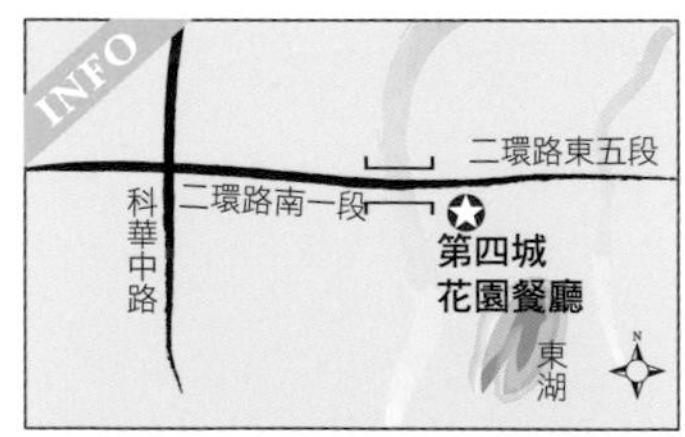

■**店名**：成都市錦江區二環路東五段99號（東湖公園內） ■**訂餐電話**：028-84527333　84521122 ■**人均消費**：120～150元人民幣 ■**網址**： www.lfz.com.cn ■**消費方式**：現金，銀聯、VISA、MASTER（限1～2桌可刷卡） ■**座位數**：大廳約200位，各式包廂39間 ■**自駕車**：自有停車壩子，車位數量近百個 ■**好耍提示**：自有茶坊、機麻、棋牌，位於東湖公園內。

Must select
必點！特色菜
米椒醃肉蝦卷
六合魚
泡筍燒土鱔魚
鐵盤活鮑魚
指天椒炒岩蛙

Specialty Meal

解密！招牌菜

01

■解密01

四城第一罐

【原料】

百靈菇200克，魚肚、網鮑仔各25克，鹿筋20克，南美參15克，響螺片、鮮雞腿、鵪鶉蛋各50克，鵝胗100克，雞汁、瑤柱汁、火腿汁各5毫升，蠔油10毫升，濃湯500毫升，二湯適量。

【製法】

1. 將魚肚、鹿筋、南美參、網鮑仔、響螺片治淨並漲發。百靈菇、鮮雞腿入沸水鍋裡汆水後撈出。鵪鶉蛋煮熟去殼，鵝胗去皮治淨後切片。然後將這些原料放入鍋裡，加二湯煨熟入味，待用。
2. 鍋裡放入濃湯燒開，加入雞汁、瑤柱汁、火腿汁、蠔油等打成濃湯芡，加入步驟1煨製好的原料中燒熱，起鍋盛入罐裡即成。

■解密02

雙黃一響

【原料】

江黃500克，黃喉、青筍片各350克，榨菜片、泡椒碎各50克，泡薑碎10克，自製家常醬料100克，鹽、胡椒粉各5克，味精3克，雞精3克，豆瓣油、泡椒油、高湯各適量，香油20毫升，花椒油30毫升。

【製法】

1. 把江黃宰殺並治淨；黃喉改刀沖水洗淨；青筍片和榨菜片分別下沸水鍋汆一水，撈出來墊在盆底。
2. 鍋裡下豆瓣油和泡椒油燒熱，先放入泡椒碎和泡薑碎炒香，再掺入高湯，加入自製家常醬料熬出味並打去渣，然後放入江黃，調入鹽、味精、雞精和胡椒粉，小火燜熟後放入汆過水的黃喉大火燒開，最後淋入香油和花椒油，即可起鍋盛盤。

02

■解密03

青椒雞米參

【原料】

海參250克，雞肉米150克，美極鮮30毫升，雞精、雞汁各5克，老薑米30克，青美人椒圈100克，鹽、老抽醬油、太白粉、青花椒油、花椒油、沙拉油、高湯各適量。

【製法】

1. 將海參治淨並改刀成菱形塊；雞肉米納盆，加鹽、老抽醬油和太白粉抓勻、碼拌入味。
2. 鍋裡加高湯燒熱，倒入海參塊，調入美極鮮、雞精和老抽醬油煨入味，撈出海參塊待用；另鍋加沙拉油燒至三成熱，下碼好味的雞肉米滑散，撈出來待用。
3. 鍋裡放入青花椒油燒熱，倒入薑米炒香，放入滑過油的雞肉米，再加入海參塊和青美人椒圈，調入雞汁炒香，最後淋入花椒油炒勻，即可起鍋裝盤。

03

Chengdu RESTAURANT 17.

成都紅杏酒家〔錦華店〕

一頁紅杏傳奇，譜寫川食風華

在成都市內，紅杏已擁有四家分店及控股的文杏，規模是同業中所望塵莫及，賓客慕名登店大排長龍是常有之事，誇張一點有說此為餐飲界的「紅杏」現象，這種種足以形容紅杏受歡迎的程度了。而位於繁華的新成仁路口萬達廣場的錦華店，則是紅杏酒家的旗艦店，開業於2008年10月8日。開業之後，生意便從未出現衰退景象，只見蒸蒸日上。

進入酒樓，許多人的第一印象是場面壯闊，錦華店擁有近9000平方公尺的營業面積，據說是目前成都最大、最能代表行業發展水準的標誌性川菜酒樓。以240平方公尺的挑空園林景觀構築中庭，高而明亮的天窗、地上精心鋪設的鮮花、透窗可見的蔥郁綠樹，勾勒出一個室內的「室外空間」，格局氣派又獨具風味。

擁有50個極富特色、隔音條件佳的餐飲包廂，裝修古雅，一桌一椅的配搭，彰顯著紅杏品牌的獨特品味，大處著眼於大自然的有機食文化與山水風光，細處連門把都以巨大筷子點綴，處處可見經營者的巧思。

這裡的火爆菜品多不勝數，尤其紅杏雞是當年維持生意的頭號功臣，鮮嫩香辣，現在還是熱賣菜品；紅杏全家福，老少咸宜，不同於某些小餐館的粗製濫造，鋪在最上面的都是精心打製的內膏；膳段粉絲，膳段脆嫩，粉絲筋道彈牙，菜色紅亮，酸香撲鼻，一見就有食欲；還有紅杏霸王蟹、四川冷拼等。

紅杏酒家的黃董事長創業之初即許下宏願：「希望能讓員工過上好日子，讓管理人員步入小康，讓公司的精英成為富人。」目前看來，紅杏酒樓火爆的生意讓他的願望基本實現了。

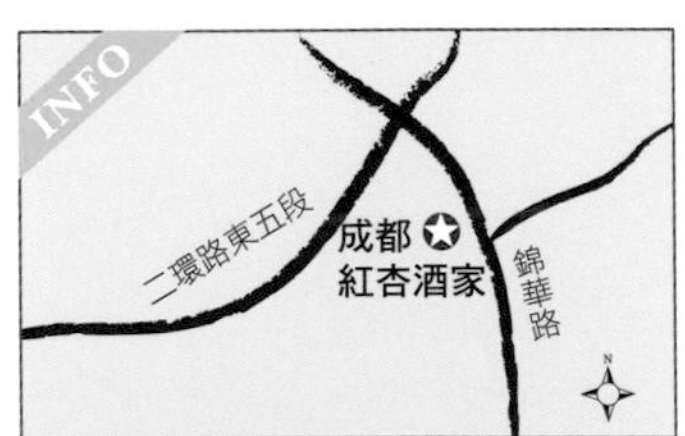

■**地址**：成都市二環路東五段萬達廣場1號門旁 ■**訂餐電話**：028-82000860 ■**人均消費**：約65元人民幣 ■**網址**：http://jh.ehongxing.com/index.asp ■**消費方式**：現金、銀聯、VISA、MASTER ■**座位數**：大廳約600位，各式包廂50間 ■**自駕車**：周邊停車位充裕 ■**好耍提示**：附設茶坊、機麻、棋牌，鄰近東湖公園。

Must select

必點！特色菜

紅杏冷拼

Specialty Meal

解密！招牌菜

01

■解密01

紅杏雞

【原料】

仔公雞600克，羅漢筍150克，小蔥50克，油酥花生米30克，鹽、味精、雞精、花椒油、自製紅油、白糖、香油、香菜、洋蔥、大蒜、芹菜各適量。

【製法】

1. 淨鍋下油，入香菜、洋蔥、大蒜、芹菜略炒後，熬製成蔬菜汁，用鹽、味精、雞精和白糖調好味待用。
2. 將仔公雞治淨後，入沸水鍋中煮至熟透，撈出晾冷待用；小蔥切成段放在盤底，將仔公雞斬成條狀放在小蔥段上。
3. 把調好味的蔬菜汁、紅油、花椒油、香油和油酥花生米調勻後淋在盤中；
4. 切成小條的羅漢筍，焯水晾冷後裝盤，隨雞肴一同出品即成。

■解密02

紅杏鱔段粉絲

【原料】

鱔魚175克，粉絲150克，鹽、味精、雞精、胡椒、料酒、蠔油、香油、花椒油、紅油、醋、薑米和鮮湯各適量。

【製法】

1. 取一容器裝入粉絲，掺入溫水把粉絲燙到完全回軟後，沖涼沖透備用。
2. 將鱔魚去骨和內臟，切成粗絲，將小蔥切成1公分的段待用。
3. 鍋置旺火，下薑粒、鱔段炒至出香時，掺入鮮湯500克，放入粉絲、料酒、蠔油、鹽、胡椒粉、雞精、醋、香油、味精燒開，撇淨浮沫，放入紅油、小蔥花，起鍋裝盤即成。

02

03

■解密03

紅杏霸王蟹

【原料】

肉蟹一隻900克，年糕80克，蒜薹50克，瓣蒜50克，鹽、味精、胡椒粉、雞精、蠔油、魚露、醋、白糖、乾辣椒節、花椒粒、薑片、乾太白粉、太白粉水、花椒油和紅油各適量。

【製法】

1. 將年糕切成片，蒜薹切成段，待用；肉蟹宰殺後斬成約10塊，碼上薑蔥水、料酒、胡椒粉、鹽後撲上乾太白粉待用。
2. 將肉蟹入五成油溫中過油，將瓣蒜略炸後待用。
3. 鍋留底油，將薑片、瓣蒜、乾辣椒節和乾花椒炒出香味，掺入鮮湯，用雞精、味精、料酒、蠔油、魚露、白糖、香醋、胡椒粉調味後，放入年糕慢燒至蟹肉入味，然後放入蒜薹同燒至熟，烹入香醋少許後用太白粉水勾緊汁芡，淋入紅油、香油和花椒油出鍋即成。

成都 城東區

Chengdu RESTAURANT

18.

新華吃典

吃喝也是一門學問

名字有點特別，創意人一取靠近新華公園之意，二來寓意經營多種美食，三則與眾所周知的「新華詞典」諧音，與詞典豐富的意義吻合。從店名開始就注重行銷意識，可看出店家的用心之處。

這裡的景觀，據說由旅法知名設計大師設計，融匯東方傳統文化與西方典雅氣質，營造出全包廂的西式皇家園林式風格。園內花團錦簇，綠樹成蔭，清泉湧動，盡顯歐洲貴族風範的餐廳、茶座、棋牌室環繞其間，於綠色清新的天然美景之外，又憑添幾分的優雅與閒適。

這裡的服務也有學問。但凡上點檔次的餐廳，服務品質自是沒得說，可服務時的分寸和火候，就全靠服務員的素質高低了。有些餐廳的服務員明顯熱情過頭，寸步不離站在餐桌旁，職業性地保持一種隨時聽命的姿態，確實是把顧客當成上帝了，但反讓人感覺彆扭。而走進新華吃典的包廂，服務員摻完茶水，禮貌性地招呼幾句便悄悄地閃在一邊。上一道菜，報完菜名後就到門外守候，既不影響顧客閒聊，又不至於使就餐氣氛變得尷尬，在做好服務與尊重顧客隱私之間，他們確實掌握得恰如其分。

總的來說，這裡的菜品味道相對比較淡雅，不油不膩，辣味適中。即便是最傳統的麻辣川菜，在造型和口感上，都已改頭換面，從少數人的最愛，變成了一個人人愛的「大眾情人」。

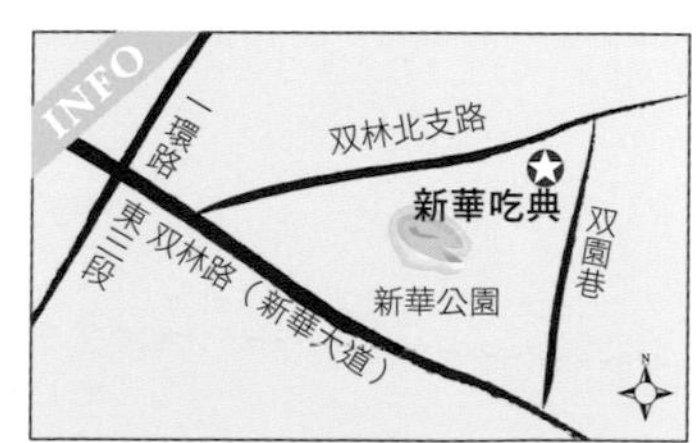

■**地址**：成都成華區雙林北支路138號（新華公園後門旁） ■**訂餐電話**：028-84363636 ■**人均消費**：80～150元人民幣 ■**消費方式**：現金、銀聯 ■**自駕車**：自有停車位 ■**好耍提示**：店內有露天茶座，可喝茶、棋牌、機麻等。

Must
select
必點！特色菜
海鮮豆撈
麻辣八爪魚
美味鱸魚龜
小米椒炒遼參
野菜餅

Specialty Meal

解密！招牌菜

■解密01

冷撈什景

【原料】

鵝胗、黃喉、牛百葉各200克，金針菇300克，芝麻、自製傻瓜醬適量。

【製法】

1. 將主輔料改刀後焯水，金針菇汆熟後打底，再將主料放上面。
2. 用自製傻瓜醬拌入芝麻後淋上，即可。

■解密02

菌香脆花螺

【原料】

花螺250克，洋蔥60克，杏鮑菇250克，豉油、蔥油適量。

【製法】

1. 將花螺入沸水鍋中焯2～3分鐘後用牙籤取出螺肉備用。
2. 杏鮑菇切成長5cm的條形，焯熟後放於盤內打底，再將熟花螺肉放上。
3. 洋蔥切細條狀，鋪於面上，淋入豉油。取一鍋加入少許蔥油，燒至七成熱淋在上面熗香即可。

02

03

01

■解密03

辣汁鱈魚卷

【原料】

銀鱈魚400克，西洋芹50克，燒汁、辣汁、二湯適量。

【製法】

1. 將鱈魚去皮切成厚0.1cm，寬3cm的長條，一一捲成卷狀並裹上起士粉。
2. 起油鍋，將捲好的鱈魚卷炸至金黃色時起鍋。
3. 鍋留底油，下入燒汁、辣汁、二湯調味，放入炸好的鱈魚卷燒至入味後，收汁亮油即可。

Chengdu RESTAURANT 19.

〔宏濟店〕

成都天香仁和酒樓

傳統中「求變存真」，多元中「兼收並蓄」

位於宏濟新路，五層樓高的天香仁和酒樓旗艦總店，宴會大廳裡那明亮的落地玻璃窗、黑紅相間的窗櫺、潔淨優美的環境，讓每一個進來的食客都能感受到它亮麗豪華的現代氣息，穿插其中的是典雅的傳統裝飾風情。逢到週末及節假日，爆滿的大廳總是讓後廚的師傅們顧不上休息。

回顧十幾年前，天香仁和在成都餐飲江湖上還只是一條「小鯰魚」。1995年，「仁和鯰魚莊」（天香仁和的前身）在成都羊西線上誕生。不過十來年的時間，天香仁和就已發展成了在全國擁有十多家中餐酒樓、火鍋店的知名川菜企業。

天香仁和之所以發展迅猛，與天香仁和酒樓的經營理念是密不可分的。企業創立之初，正是粵菜盛行、川菜低迷的時期。執行董事王建在苦苦思索後，決定先從菜品上尋找突破。他帶領廚師在傳統川菜

的基礎上「求變存真」，開創性地走新派川菜和創新川菜的道路，同時兼收並蓄官府菜與兄弟菜系的特點。天香仁和不僅投入專項資金用於新菜研發，宏濟店廚師長王洪更表示，他們也會組織廚房團隊到全國各地餐飲市場進行考察。這份積極與用心，成果斐然，研發出不少好菜，如「仁和家常雞」、「仁和魚頭王」、「竹蓀三鮮」、「雲腿白菜」、「仁和素菜包」等，都先後獲得「中國名菜」、「中國名點」的表彰稱號。

天香仁和十多年來備受顧客青睞的另一重要原因，在於它堅持走平價路線——這源於天香仁和的「大眾化定位」。在服務方面，則用心提供「賓至如歸的服務」，力求用最「真」的態度面對顧客。味美、價平、質優、創新、真心，這些大概就是天香仁和酒樓這艘「美食航艦」，之所以能在波濤洶湧的餐飲浪海裡平穩前行的秘訣吧。

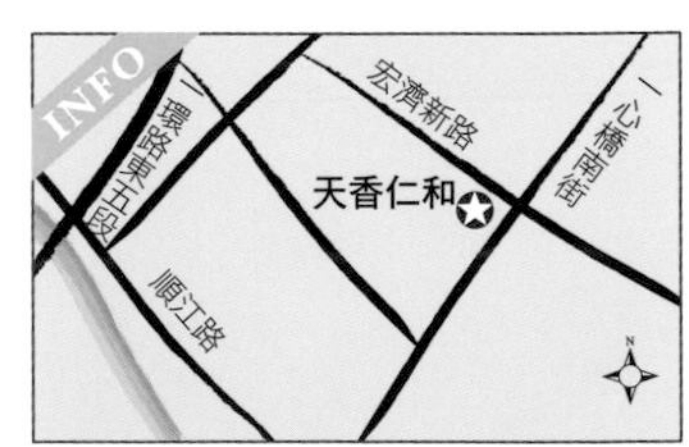

■**地址**：成都市錦江區宏濟新路308號 ■**訂餐電話**：028-84532288 84515588 ■**人均消費**：50～100元人民幣 ■**網址**：www.cdtxrh.com ■**消費方式**：現金、銀聯刷卡 ■**座位數**：大廳約350～400位，各式包廂34間 ■**自駕車**：自有停車壩子，車位數量約100個 ■**好耍提示**：自有茶坊、10個機麻包廂、25個卡座，附近KTV店較多。

Must select

必點！特色菜

魚香遼參

西湖酥藕

酸菜魚

山菌雞片

草原毛肚

Specialty Meal

解密！招牌菜

■解密01

香辣童子雞

【原料】

仔公雞250克、大蒜瓣50克、乾紅花椒10克、乾辣椒節200克、小蔥頭20克、油炸花生米50克，鹽、味精、雞精、胡椒粉、料酒、香油、芝麻各適量，菜油500毫升。

【製法】

1. 將仔公雞剁小塊並洗去血水，納盆加鹽、味精、雞精、胡椒粉和料酒碼味；小蔥頭切成節待用。
2. 鍋裡注入菜油燒至六成熱，下雞塊炸至顏色金黃，撈出瀝油待用；鍋中留少許底油，先下蒜瓣、乾紅花椒和炸好的雞塊煸香，再放入乾辣椒節炒出味，然後加入蔥節和花生米，調入味精和雞精炒勻，最後淋入香油，起鍋裝盤，撒上芝麻即成。

■解密02

小炒河蝦

【原料】

小河蝦（去頭）150克、韭菜節50克，薑片、蒜片、乾蔥粒、小米椒各適量，黃油15克，雞精、味精、雞粉、生抽醬油、香油、花生油、花椒油各適量。

【製法】

02

02

02

1. 將小河蝦入沸水鍋汆水後，撈出來瀝乾水分，再下入熱油鍋過油至皮酥；韭菜炒熟入味，裝盤墊底。
2. 鍋裡加黃油燒熱，先放入薑片、蒜片、乾蔥粒和小米椒炒香，再放入炸過的小河蝦翻炒，然後調入雞精、味精、雞粉、生抽醬油等，起鍋前淋入香油、花生油和花椒油炒勻，即可裝盤上桌。

■解密03

竹蓀三鮮

【原料】

豬舌、豬肚、豬心各50克，竹蓀20克、腐竹150克、香菇15克，雞精、雞粉各25克，雞汁20毫升，薑片、蔥節、乾花椒、料酒各適量，雞油40毫升，三鮮湯1250毫升。

【製法】

1. 將豬舌、豬肚和豬心分別入沸水鍋煮約3分鐘斷生，撈出治淨後，放入加有薑片、蔥節、乾花椒和料酒的沸水鍋裡煮至熟透，取出改刀成片；竹蓀剪成節後用冷水泡漲；腐竹用80℃的開水泡開後切節；香菇改刀成塊並汆熟；均待用。
2. 鍋裡放雞油燒熱，先加薑片和蔥節爆香，再下豬肚片、豬舌片和豬心片炒香，然後加三鮮湯燒沸，並放竹蓀節、腐竹節和香菇塊稍煮，期間調入雞精、雞汁和雞粉，最後加入太白粉水勾芡，即可起鍋裝盤。

（宏濟店）

蜀府宴語

傳承博大精深的國菜文化，引領健康美食的風向

四川蜀府宴語餐飲有限公司宏濟分公司成立於2000年底，總占地面積5500餘平方公尺，在近十年的市場經營中，堅持以「誠信」為本，始終堅持「賓至如歸，顧客為尊」的服務宗旨，以「高品質、合理的價位」為經營思路，經過對市場的分析和適應，不斷加強內部管理和提升菜品服務，取得了良好的市場口碑和榮譽，引導了成都市文化餐飲業的發展，對成都餐飲業的發展做出不可磨滅的貢獻。

2010年，經過對市場的分析，順應餐飲發展的趨勢，在傳承蜀府宴語文化餐飲底蘊的同時，公司制定了經營高端大眾文化餐飲的經營策略，再度斥資1000多萬人民幣，對原有的內部設施設備進行大規模改造和裝修，提升內部服務硬體，以全新的環境、全新的設施、全新的服務和全新的菜品，迎接社會廣大新老顧客。

全面升級改造的蜀府宴語，循著「利益共用、風險共擔、共同發展」的企業理念；傳承「賓至如歸，顧客為尊」的服務宗旨，提升餐飲享受進而推廣品牌，並創新、提升自身服務態度、服務水準及菜肴出品質量，藉以持續提供超越客戶期望的品質和服務，全方位為消費者提供豐富、舒適、滿意的消費休閒。

蜀府宴語以「宴」為特色，酒樓的一、二樓是中餐廳，三樓是休閒茶樓，餐位充足，不管是喬遷宴、壽宴、滿月酒、生日宴、商務團拜宴，在宴府宴語都能讓您滿意。

■**地址**：成都市宏濟東路27號 ■**訂餐電話**：028-84545111　84545222 ■**人均消費**：大廳60～70元人民幣，普包100～150元人民幣，豪包200～300元人民幣 ■**網址**：www.shufuyanyu.com ■消費方式：現金、銀聯 ■**座位數**：大廳約400位，各式包廂32間 ■**自駕車**：備有停車位 ■**好耍提示**：餐廳有配套的茶坊，鄰近合江橋、望江樓公園。

Must select
必點！特色菜
杏鮑菇炒鵝肝
蜀府宴语
SHU FU YAN YU
燒椒蟶子皇
洞庭甲魚
燒椒蚌仔

Specialty Meal

解密！招牌菜

■解密01

辣熗香肘

【原料】

肘子1個（約1250克），豬肉末500克，薑蔥50克，乾辣椒節40克，豆瓣20克，泡椒末10克，薑米5克，蒜米5克，蔥花10克，冰糖50克，料酒100毫升，鹽15克，太白粉水25克，高湯1000毫升，豬油100克鹽、醋、白糖、沙拉油各適量。

【製法】

1. 肘子放炭火上燒至黑皮，放入熱水中泡至皮軟時用刀刮去黑皮，洗淨待用。
2. 在砂鍋裡放入豬肉末墊底，掺入高湯，再放入肘子燒開，撈淨浮沫後改小火慢燉1小時。
3. 把冰糖放入炒鍋中炒成糖色汁，用砂鍋內的湯把糖汁沖散，加料酒、蔥薑和鹽攪勻倒入砂鍋，繼續慢燉2小時後，撈出肘子盛盤內。
4. 鍋內放入豬油燒熱，下豆瓣和泡椒末炒香至油呈紅色時，再投入薑米、蒜米和蔥花炒出香味，掺高湯並加入鹽、醋、白糖和味精調好味，接著淋入太白粉水勾濃二流芡時，起鍋舀在肘子上，最後把乾辣椒熗香淋上去，即成。

■解密02

椒麻白靈菇

【原料】

白靈菇300克，青蔥葉50克，青花椒10克，濃湯1000毫升，鹽、味精、雞粉、藤椒油、冷雞湯各適量。

【製法】

1. 把蔥葉和青花椒放一起，用刀剁細盛入碗內，然後加入味精、雞粉、鹽和冷鮮湯調成椒麻味汁。
2. 白靈菇用濃湯煲好後，撈出來晾冷，切成粗條再與調好的椒麻味汁拌勻，裝盤後淋一點藤椒油，即成。

■解密03

尖椒油渣

【原料】

豬五花肉200克，尖椒100克，豆豉10克，花椒粉2克，菜籽油適量。

【製法】

1. 將豬五花肉切成一公分見方的丁，尖椒去籽切成節。
2. 鍋裡放菜籽油燒至六成熱，下豬五花肉炸至油乾時，倒去多餘油脂，放入豆豉炒香後，投入尖椒節炒到斷生，其間放鹽、味精和花椒粉調好味，即成。

成都 城東區

Chengdu RESTAURANT 21.

蜀滋香土雞館〔雙橋店〕

蜀中滋味，萬里飄香

一道菜可以年銷售額達上千萬人民幣，您嘗過嗎？

如果沒有，那您來成都時，就決不能錯過蜀滋香土雞館的這道招牌菜——蜀滋香芋兒雞。

成都蜀滋香是一家集冷鍋、火鍋於一身，走營養健康和綠色美味路子的土雞館。據該館雙橋店的廚師長劉凱介紹，蜀滋香芋兒雞在他們蜀滋香店裡點擊率一直是最高的，它的主料選用一年左右的散養仔公雞，並配以鮮芋兒，成菜芋兒㸆糯，雞肉滑嫩，油而不膩，辣而不燥，食後口齒留香。自推廣以來，在30多家分店中此菜累積年銷售近千萬。蜀滋香芋兒雞還於2010年9月參加第七屆中國國際美食旅遊節，亮相「成都盛宴」贏得國內外美食專家的讚譽。

蜀滋香芋兒雞的味道好，關鍵在於底料湯汁的製作。它是在汲取川渝飲食文化的精髓基礎上，對傳統老火鍋進行大膽革新，在保持「麻、辣、鮮、香、醇」 等特點的同時，採用了數十味能清熱去

Must select 必點！特色菜

鮮椒花生

清燉土雞

滷土雞腳

滷雞冠

川式香腸

火、健脾養胃、生津平氣的名貴中藥材，並輔以絕密配方精心配製、慢火熬製成。其口味醇和、鮮香宜人、湯紅色亮、辣而不燥。蜀滋香是在適應現代消費者口味的前提下，結合多年經營火鍋的經驗，方才熬煉出深受消費者喜愛的「蜀滋香」味道。

除了滋味濃厚的芋兒雞外，還推出了味道鮮香、滋補養顏的滋補土雞等。此外，還推出了一些相關雞肴滷製品。

正因受到食客的肯定，以致店堂裡常常都是滿座，而需要在門口擺起大量的候位塑膠板凳，火爆可想而知。近年來蜀滋香餐飲也榮獲不少獎項，如2010年成都餐飲品牌20強，2010年先進私營企業及消費者喜愛餐飲品牌等。

■**地址**：成都市成華區雙橋路南一街單身樓底層（雙橋子立交橋下） ■**訂餐電話**：028-84438885 ■**人均消費**：約30元人民幣 ■**網址**：www.shuzixiang.com ■**消費方式**：現金 ■**座位數**：大廳約90位，各式包廂6間 ■**自駕車**：周邊有公共停車格 ■**好耍提示**：附設茶坊、機麻、浴足、棋牌等，鄰近塔子山公園、新華公園。

Specialty Meal
火爆！招牌菜

■解密01

蜀滋香芋兒雞

【原料】

土雞750克，芋兒500克，青筍150克，乾筍200克，高湯750克，火鍋油、秘製底料、啤酒、蠔油、雞精、味精、大蔥節各適量。

【製法】

1. 把雞宰殺治淨後切塊，鍋下油燒至六成熱，下雞塊煸炒至色金黃，放入秘製底料炒香，倒入啤酒和少許蠔油炒勻，出鍋待用。
2. 去皮的芋兒放入高壓鍋加水上火壓炽，乾筍用開水泡漲後切條，青筍去皮後切條，均待用。
3. 火鍋盆裡放入乾筍條、青筍條和芋兒，調入雞精和味精，倒入燒開的高湯，加入火鍋油，放入炒好的雞塊，擺上大蔥節，上桌點火燒開後，便可食用。

01

02

■解密02

鄉村拌雞

【原料】

三黃雞250克，大蔥、花椒粉、生抽醬油、醋、辣鮮露、美極鮮、紅油、自製湯汁各適量。

【製法】

1. 將大蔥切塊後墊盤底；三黃雞放高湯鍋裡煮熟後，撈出來斬成小塊，放在盤中蔥塊上。
2. 盆裡倒入加熱的自製湯汁，放入花椒粉、生抽醬油、醋、辣鮮露、美極鮮等調好味待用。
3. 把調好的湯汁澆淋在雞塊上，澆上紅油，撒上蔥絲，即成。

Chengdu
RESTAURANT
22.

蜀味居川菜館

口碑好，味道也好

蜀味居老闆黃琛，其人自嘲四體不勤，五穀不分，整日裡遊手好閒，常歎上班太累，掙錢不會，卻獨與飲食一道有所心得，於城南新華公園側雙林中橫路開有一家「蜀味居」風味酒樓。

說是酒樓，其實店面並不大，目測約只有兩百多平方公尺，但裝修極有特色。於今而言，所謂特色是個難以把握的東西，傳統太八股，西式太流俗，偶爾有傳統與西式的嫁接體，便會讓人覺得耳目一新！這就是蜀味居的特色。

小店開張年餘，生意始終不錯，朋友說：功勞全在於地理位置好。黃琛說：錯，是我的菜品味道好。其實這話值得分析，因為對於酒樓來說，生意好的不見得味道好，味道好的不見得生意好，這一點，時下的許多酒樓都可以佐證。不過不管口碑好也罷，味道好也罷，這年餘來，小店生意確實很火，每到節假日，時常需要排隊候餐，對此，黃琛從不做什麼正面表述，但是嘴角裡隱隱上翹的笑意，早已暴露了一切。

Must select
必點！特色菜

香蔥焗腰花

蜀味肥腸雞

泡椒美蛙

魚香茄子

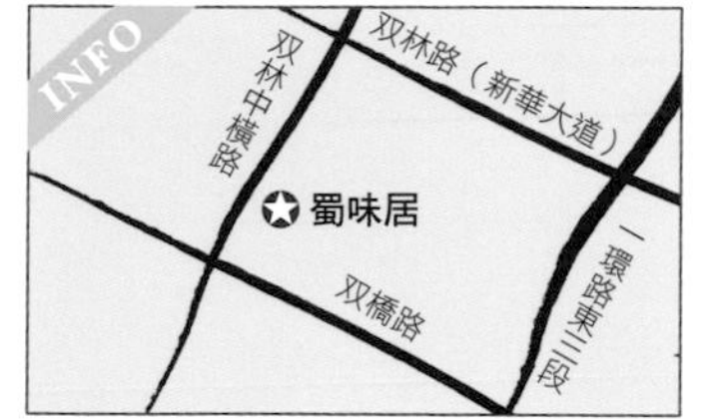

■**地址**：成都市成華區雙林中橫路37～39號 ■**訂餐電話**：138-80441818 ■**人均消費**：約40元人民幣 ■**消費方式**：現金 ■**座位數**：大廳約60位，包廂1間 ■**自駕車**：周邊有公共停車位。 ■**好耍提示**：鄰近新華公園、成都驕子電視塔。

Specialty Meal
火爆！招牌菜

■解密01

蜀味過水魚

【原料】

草魚1條，芹菜碎粒50克，蔥花、蒜米、薑米、郫縣豆瓣醬、泡辣椒茸、白糖、精鹽、味精、雞精、醬油、料酒、太白粉水、沙拉油各適量。

【製法】

1. 草魚宰殺治淨，在雙面剞上一字花刀後納盆，用薑蔥料酒碼味。
2. 取一碗放入白糖、味精、雞精、精鹽、料酒、醬油和太白粉水兑成滋汁。
3. 把剞過花刀的草魚放入加雞油的鮮湯鍋中，煮約7分鐘至熟，用大漏勺舀出入盤。
4. 另鍋上火，注沙拉油燒熱，投入郫縣豆瓣醬和泡辣椒茸炒香出色，然後下入薑米、蒜米、芹菜碎粒和少許蔥花，烹入兑好的滋汁，起鍋淋在草魚身上，最後再撒上蔥花即可。

01

02

■解密02

乾拌牛肉

【原料】

牛肉250克，炒花生米10克，熟辣椒油10克，香蔥5克，鹽5克，白糖5克，青花椒15克、小米辣圈40克，香菜段少許。

【製法】

1. 牛肉洗淨，在開水鍋內煮熟，撈起晾涼後切成薄片；香蔥切成2.5公分長的段；花生米碾細。
2. 將牛肉片盛入碗內，先下鹽拌勻，使之入味，接著放小米辣、白糖、味精、青花椒再拌，最後加人香蔥、炒花生米細粒和少許香菜段，拌勻盛入盤內即成。

火爆錦館

成都

城西區

Chengdu RESTAURANT 23.

蜀粹典藏

傳承川菜傳統，典藏精緻美味佳餚

蜀粹典藏離繁華鬧市只有數步之遙，位於詩聖文化園內，鄰杜甫草堂、浣花溪水，文化氣氛濃厚，是市區裡鬧中取靜的難得之地。

進入酒樓，您可以體驗到從唐宋至明清期間，屬於四川的各種文化元素。如：唐二十四伎石像，清初石刻金童玉女，清朝的綿竹年畫、蜀繡門神、蜀錦屏風等。搭配青石板地面，石質牆面，兼以部分草牆等裝飾，包廂中更以鐵灰木質拱頂做為屋頂裝飾，整體是內斂的，但又準確的展現四川特色。

有了雅緻且具深度的空間，菜品必當相呼應。蜀粹典藏的辛總廚對菜品的搭配十足用心，依循總體川菜四分之一麻辣，四分之三的不麻也不辣的比例分布來設計菜單，努力讓食客、老饕暨能感受川菜的特色，又能盡享川菜的美味，期待進一步改變多數人眼中川菜只有麻辣的錯誤印象。

為了能夠做到傳承川菜傳統美味，精緻提升菜肴質量，蜀粹典藏的菜品大多費工費時，可自行製作出更佳或更具風味特色的調輔料、配料、食材時，就絕對堅持自行製作，即使只是一碟蘿蔔乾！無形中就提高了川菜的檔次。

如特色菜品「菊花羊肚菌」，是很傳統的川菜，卻能體現傳統川菜對清鮮、精緻的重視，扭轉眾人對川菜油膩、裝盤粗糙的偏見。此菜以特級清湯加天然羊肚菌熬成鮮湯，要求無油脂，清澈透明，再將雞蛋豆腐以精湛的刀功切成一朵有著細密花瓣的大菊花，放入鮮湯後上籠蒸透，出品裝盤清秀漂亮。

又如「金毛牛肉」，一道世人偶聞其名、苦覓其形、難緣其味的涼菜。因製作過程繁瑣，加工技法要求甚嚴，很多餐館生產條件不足，面世產品極少，造成此菜目前處於逐漸消逝的尷尬。基於傳承，辛總廚苦心研究才令此菜得以重現，也獲得食客們的認同與支持，再次證明「傳統的、經典的才是世界的」這一信念。

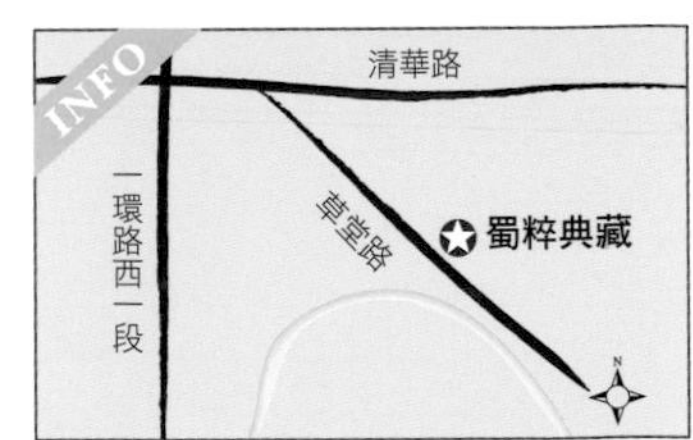

■**地址**：成都市草堂路36號 ■**訂餐電話**：028- 87397338 87373326 ■**人均消費**：約300元人民幣 ■**網址**：無 ■**消費方式**：現金、銀聯、VISA ■**座位數**：大廳約112位，各式包廂7間、卡座4桌 ■**自駕車**：約有30個停車位 ■**好要提示**：旁邊即是杜甫草堂、浣花溪公園，鄰近二仙橋古玩市場與青羊宮。

Must select
必點！特色菜
魚香大蝦
宮保銀鱈魚
長生砂皮鵝脯
米涼粉燒甲裙
小米炒河蝦

■解密01

金毛牛肉

【原料】

黃牛棒子肉1000克，牛棒子骨1500克，牛尾1000克，花椒20克，薑150克，蔥400克，白味牛肉老滷水8000克，生菜籽油500克，精鹽6克，白砂糖6克，料酒200克，胡椒10克。

【製法】

1. 牛棒子骨、牛尾氽燙後加薑蔥、花椒、料酒、清水，用砂鍋煲八小時濾渣後得牛肉濃湯備用。
2. 選黃牛棒子肉去盡表面筋膜，用精鹽、薑、蔥、料酒、花椒醃製六小時。入白味牛肉老滷水滷兩小時後，撈出改刀為一字條待用。
3. 鍋炙淨下生菜籽油、薑、蔥熗香加牛肉濃湯，調味後下入一字條牛棒子肉。慢火收至肉柔軟、表面略微翻毛時起鍋。

4. 趁熱用乾淨紗布包裹牛肉條，反覆搓揉，令毛起卷。
5. 待上菜時，烤箱設置為上火100度，下火80度微烤40秒後，裝盤即可。

■解密02

燈影魚片

【原料】

精選鮮魚3000克，薑片、蔥段、花椒、料酒、胡椒水、料酒、胡椒粒、蔥油、糖色、精鹽適量。

【製法】

1. 鮮魚治淨後取其淨肉，務必將魚刺除盡，之後冰鎮。
2. 手工片為燈影片。用薑片、取冰鎮過的魚肉、蔥段、花椒、料酒、胡椒水碼味12小時後，晾於竹筐背，約晾三天至肉乾透後取下。
3. 烤箱溫度設120度，放入魚片烤5分鐘，另起油鍋燒至6成油溫炸至色紅肉酥，瀝油待用。
4. 另取魚骨加薑、蔥、料酒、胡椒粒煲湯待用。
5. 起鍋用蔥油爆薑，摻魚湯，調入糖色、精鹽、料酒，下炸好的魚片以文火收至色紅肉酥軟，放紅油顛勻，即可起鍋裝盤。

■解密03

菊花羊肚菌

【原料】

煲湯料：散養土雞、土鴨各10斤，豬皮2斤，鳳爪6斤，排骨8斤，火腿4斤，棒骨8斤，羊肚菌0.5斤，薑、蔥、料酒適量。礦泉水60公斤。**清湯料**：豬精肉10斤，雞脯8斤，原味清湯5斤。袋裝日本豆腐一份。

【製法】

1. 湯桶內置水下煲湯料升溫，產生的雜質需撈淨。
2. 另取湯桶注水，放薑蔥，入煲湯料大火燒開後去雜質。改文火煲6小時再放入羊肚菌煲兩小時，撈淨煲湯料即高級上湯。
3. 將清湯料分別用摻刀背捶至茸狀待用。豬肉為「紅茸」，雞脯為「白茸」。
4. 上湯燒開，紅茸用原味清湯3斤調漿，分三次下入掃淨後瀝出。白茸用原味清湯2斤調漿，分兩次下入掃淨後瀝出白茸放入棉布壓成團再放入清湯，以文火慢燉兩小時，去白茸，加鹽適量，即頂級清湯。
5. 取日本豆腐切半，剞刀成菊花狀。先灌清湯於菊花豆腐中，上籠蒸3分鐘後倒去清湯。再次灌清湯於湯盅內，放入羊肚菌即成。

Chengdu
RESTAURANT
24.

大蓉和酒樓

形如淮揚，味在川，色及蘇杭，精其粵，地道蜀風又似湘

大蓉和，1999年12月創立，以「融合、創新」作為核心思想，菜品以川菜的「味」為根基，融合八大菜系的烹製精髓，創新烹調，建立出「形如淮揚，味在川，色及蘇杭，精其粵，地道蜀風又似湘」的新派融合川菜，消費平易近人，只要您是大蓉和的常客，您一定可以感受到其月月出精品的驚人創造力。

進入大蓉和一品天下店，最讓人驚艷的就是那通往大堂的的過道，寬敞而富麗，帶有歐式宮廷的情調，加上兩旁一長列四人桌的用餐區，有如列隊歡迎的長廊，還未嚐到佳肴就先讓您享受尊榮感，到了大堂，那挑高的空間感讓人充分感到愉悅，為即將開始的筵宴暖場。若是三五好友聚會，推薦長廊兩側的用餐區，長廊的靠窗側可以邊用餐邊賞景，另一側有半穿透的典雅卡座讓您用餐時可以較不受干擾。大蓉和的包廂區是位於三樓，以三星堆文明與金沙遺址為主題，各個包廂各具特色，讓人在享用美食之餘也來一趟穿梭時空的古文明之旅。

大蓉和秉持「做賣得出去的菜」的理念做菜，因此這裡提供的菜品總是好吃、好看，還能兼具趣味與新鮮感，例如在大堂提供堂烹的服務就是一大特點。在特色菜方面，大蓉和的許多菜品後來都成為全川火爆的名菜，如源自湖南剁椒魚頭的開門紅；又如年賣四百萬的石鍋三角鋒，在大蓉和「以味為核心」的堅持下，這些菜品的味型更成為川菜界公認的新味型。

大蓉和的企業精神對美食的追求永無止境，新創高端餐飲品牌「上座」已於2010年底開業迎賓，品味精緻川菜的您我又多了一個絕佳的選擇。

■**地址**：成都市金牛區蜀漢路一品天下美食商業街B區1幢 ■**訂餐電話**：028- 87564477 87565577 ■**人均消費**：約80～150元人民幣 ■**網址**：www.daronghe.cn ■**消費方式**：現金、銀聯 ■座位數：大廳約 450位，各式包廂91間、卡座28桌 ■**自駕車**：約有400個停車位 ■**好耍提示**：酒樓附設茶樓，鄰近金沙遺址博物館。

Must select
必點！特色菜
第一骨
豆湯娃娃菜
干香腐皮捲
蓉和一罐香
生態原味雞
石鍋三角鋒
乾燒元寶蝦

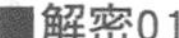

■解密01

開門紅

【原料】

花鰱魚頭800克，小米辣椒碎300克，紅甜椒500克，剁椒50克，特製蒸魚汁350克，蔥16克，薑片25克，醋16克，料酒80克，鹽25克，胡椒粉8克。

【製法】

1. 將花鰱魚頭治淨，放入盆中加薑片、醋、料酒、鹽、胡椒粉碼味約10分鐘。
2. 起油鍋，將碼入味的魚頭過油後，置於深盤中，淋入特製蒸魚汁。
3. 鋪上剁椒、小米辣椒碎，再蓋上切成大片的紅甜椒片，入蒸籠蒸約15分鐘即成。

■解密02

爽口鮮竹蓀

【原料】

鮮竹蓀100克，青菜幫，野山椒、鹽、味精、冰糖、薑片、芹菜、白醋、小米辣椒、雞精、味精適量。

【製法】

1. 將鮮竹蓀清洗乾淨後加鹽水泡20分鐘，放入開水內煮熟切節。
2. 將野山椒、小米辣椒切圈，芹菜切節，放入盆中，加入鹽、味精、冰糖、薑片、白醋、雞精、味精和勻。
3. 把煮熟切節的竹蓀置入，泡製5小時即可食用。

■解密03

銀鱈魚獅子頭

【原料】

銀鱈魚肉500克，肥膘肉50克，葛仙米50克，菜心50克，小米50克，濃湯、鹽、味精、雞汁，太白粉水適量。

【製法】

1. 銀鱈魚肉剁碎加入剁茸的肥膘肉順時針用手打至起膠。
2. 銀鱈魚肉糁造型成圓球狀後煮熟成銀鱈魚獅子頭，裝入盤中。
3. 鍋內加入濃湯、葛仙米、小米煮透，用鹽、味精、雞汁調味，下入菜心煮熟後用太白粉水勾芡淋在獅子頭上即可。

文杏酒樓

完美傳承、融合各家之長的創新酒樓

2005年11月13日，文杏酒樓在一品天下大街隆重開業，轟動一時。

文杏酒樓由成都三家知名餐飲企業的負責人共同投入鉅資傾力打造，距離紅杏非常近，僅隔了一個街口，事實上，也就是紅杏的延伸。

環境好，包廂多，面積大，曲徑通幽。冷色調的牆壁，偶爾點綴幾處有川西風韻的裝飾品，更顯雅致；時尚古韻的建築裝修風格引領餐飲文化風尚，體現了企業擁有者的獨特品味；最吸引人的是大廳正中的那三座觀賞魚缸，圓柱形，高兩三米，呈三角排列，經常吸引賓客駐足欣賞，雖不知其設計上的喻含，卻有幾許風水學的玄秘感。但撇開玄秘，從空間設計的角度看，它們無形中給大廳提供了某種象徵性的支點。整個大廳隨時看上去都金碧輝煌，神似維也納金色大廳。從面積大小及裝修格調來看，跟紅杏相比，有過之而無不及。

文杏的菜品與紅杏一脈相承，「好吃，不貴，有面子」是對它最貼切的形容。人均消費不過七八十元人民幣，以中等價位享受相當程度的創新佳肴，融合各家之長的菜品層出不窮，像是粉絲撈鵝掌、乾鍋魚頭、文杏雞等，都是賓客常點的佳肴，配上服務員的美麗笑容和親切的服務，於此用餐自是心曠神怡。

開業幾年來，文杏延續了紅杏那種排隊候餐的現象，生意之紅火自不言說，為拉動一品天下美食商圈人氣作出了相應貢獻，曾榮獲「食品衛生A級單位」、「最佳婚宴餐廳」、「最佳商務餐廳」等稱號。不知不覺中，它已與紅杏、大蓉和在一品天下大街鼎足而三。

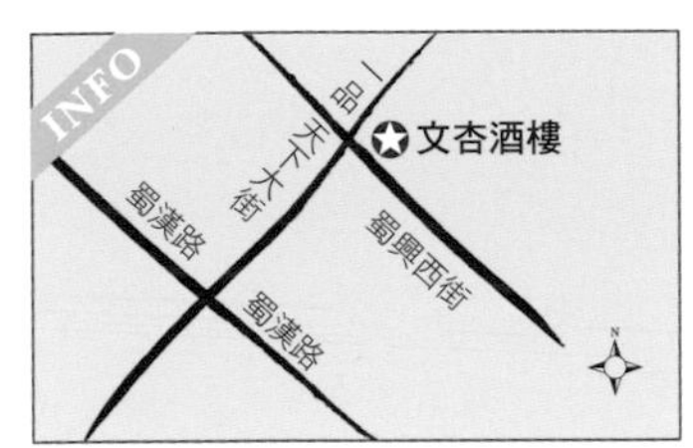

■**地址**：成都市一品天下大街132號 ■**訂餐電話**：028-87535999　87535666 ■**人均消費**：約76元人民幣 ■**網址**：http://wx.ehongxing.com/index.asp ■**消費方式**：現金、銀聯、VISA、MASTER ■**座位數**：大廳約600位，各式包廂20間 ■**自駕車**：自有停車場，車位充裕 ■**好耍提示**：附設茶坊、機麻、棋牌，所在的一品天下大街是成都最著名的美食一條街。

Must select
必點！特色菜
文杏拌雞片
砂鍋魚頭
干貝煮薺菜
清燉牛肉
饞嘴螺肉
四川烤鴨

Specialty Meal

解密！招牌菜

■解密01

家常豆瓣江團

【原料】

江團900克，豆瓣35克，泡椒末15克，薑米80克，蒜米120克，泡青菜粒10克，泡薑末15克，家常味汁水1500g、蔥、胡椒粉、白糖、味精、醋、高湯、太白粉、沙拉油和豬油等各適量。

【製法】

1. 將江團宰殺治淨後，在江團身體兩側各剞上4刀，將醃碼後的江團放入燒熱的家常味汁水中，將江團煮至斷生裝盤待用。
2. 選用蔥白部分切成長1.5公分的蔥段待用。
3. 將炒鍋置中火上，放入沙拉油、豬油燒至三成油溫，放入老薑粒、豆瓣、泡椒末、大蒜粒、泡青菜粒、泡薑粒炒香出色，摻入高湯，用雞精、味精、香醋、胡椒粉調味後，再用適量太白粉水勾濃芡，放入蔥段，最後將調好的豆瓣汁均勻地淋在江團上即可。

■解密02

辣子雞

【原料】

仔雞400克，乾辣椒150克，花椒20克，鹽、胡椒粉、薑蒜片、熟芝麻、香油、煳辣油、味精、醬料、花椒油各適量。

【製法】

1. 將仔雞宰成小塊，加鹽、胡椒碼味。
2. 淨鍋下油燒熱，放仔雞炸乾水分至色呈金黃，撈出。
3. 鍋裡放煳辣油、薑蒜片炒香，下入乾辣椒、花椒炒變色，再下炸好的仔雞塊，入醬料、味精、雞精、花椒油、香油調味，裝盤後撒上熟芝麻即可。

01

02

03

■解密03

粉絲撈鵝掌

【原料】

滷製好的鵝掌7個，粉絲150克，培根100克，大蒜25克，大蔥10克，小蔥10克，中壩醬油10克，文杏秘製醬20克，原湯400克。

【製法】

1. 將粉絲用冷水發8小時，直到粉絲吸水飽滿。
2. 將大蒜去皮，放入煨製鵝掌的滷水，煮軟備用。
3. 將大蔥切成馬耳朵形。將小蔥切成4公分的節。
4. 煲底放馬耳朵大蔥、滷煮大蒜、培根、鵝掌，加大火煨製，摻入秘製醬、原湯，放發製好的粉絲，淋中壩醬油，用大火燒開後改為小火，將粉絲反覆翻動，使粉絲吸飽湯汁，撈起粉絲後淋上香油，撒上蔥節即可。

Chengdu
RESTAURANT
26.

芙蓉凰花園酒樓

現代與傳統巴蜀文化相結合的韻致

位於成都城西光華大道的芙蓉凰花園酒樓，以精緻傳統川菜和創新川菜為其兩大特色，菜品精緻、美味，屢獲烹飪大獎。另設有茶樓，環境優雅，難得的是擁有極具風格的空中休閒花園，可以俯瞰成都美景。2005年開業以來踏實創新，顧客口碑極佳，是成都知名的餐飲企業。

芙蓉凰花園酒樓的餐飲特色在於以經典川菜為主，再結合時尚與現代。酒樓的裝修以中國傳統文化的凝重大氣為底蘊，加入現代時尚藝術元素就可明顯感受。在這裡，無論您是在大堂用餐，還是在包廂，觸目所及都可感受到一種現代與傳統巴蜀文化相結合的韻致在悄悄顯露著。

說到菜品也是混搭風格，美味與個性同時俱備。廚師在精烹各種傳統佳肴的同時，為使現代元素與地域文化做有機的結合，十分注重整理和挖掘民間家常菜與鄉土菜的風味特色與文化淵源，亦大膽採用外來的新食材和新式複合調味品，從而烹調出一道道有著精緻美感的個性化的菜品，讓每一位享用餐點的客人，都能從中感受到「芙蓉凰」對經典川菜的另類當代呈現。

2009年「芙蓉凰」參與成都申報世界美食之都的活動，成都順利在2010年成為亞洲第一個聯合國文教組織認可的「美食之都」。

■**地址**：成都市青羊區光華村66號附16-17號 ■**訂餐電話**：028-87346868 ■**人均消費**：約60元人民幣 ■**消費方式**：現金、刷卡均可 ■**座位數**：大廳約100位，各式包廂8間 ■**自駕車**：有停車位 ■**好耍提示**：餐廳有配套的茶坊和棋牌室

Must select
必點！特色菜
熊掌豆腐
鐵板腰花
土罐煨花肉
芙蓉飄香
樟茶鴨酥
椒麻雞

Specialty Meal

解密！招牌菜

01

■解密01

芙蓉雞片

【原料】

雞脯肉250克，雞蛋清50克，火腿片25克，冬筍片50克，豌豆苗25克，太白粉水30克，鮮湯250毫升，雞湯50毫升，雞油10毫升，化豬油500毫升，鹽、胡椒粉、味精適量。

【製法】

1. 雞脯肉去筋後捶成茸泥，裝於碗內，加入鮮湯、雞蛋清、鹽和太白粉水調成較稀的雞漿。
2. 用化豬油熱鍋，舀入雞漿攤成薄片狀，剛熟時鏟入鮮湯盆內漂去多餘的油脂。
3. 鍋裡掺雞湯，再加入火腿片和冬筍片燒開，然後放入鹽、味精和胡椒粉調好味，用水豆粉勾清二流芡後，放入雞片和碗豆尖輕輕翻勻，最後淋化雞油便可出鍋裝盤。

■解密02

芙蓉飄香

【原料】

醃好的牛肉150克，淨鱔魚段100克，毛肚、豬黃喉、午餐肉片各50克，芹菜節、蒜苗節、青筍尖、水發木耳各50克，刀口辣椒50克，蒜泥20克，青椒碎30克，香菜10克，飄香紅湯1000毫升，沙拉油適量。

【製法】

1. 把芹菜節、蒜苗節、青筍尖和水發木耳入沸水鍋裡汆過、斷生，撈出瀝水後放大缽內墊底。
2. 毛肚、豬黃喉、午餐肉片汆一水（汆燙一下之意）待用。牛肉和鱔魚段則入熱油鍋裡滑熟待用。
3. 鍋裡掺入飄香紅湯燒開，放入毛肚、豬黃喉、午餐肉片、牛肉和鱔魚煮入味，出鍋盛在墊有蔬菜料的大缽裡，然後撒上刀口辣椒、蒜泥和青椒碎，最後淋入熱油並撒上香菜，即成。

02

■解密03

芙蓉雜燴

【原料】

熟豬肚、熟豬心、熟豬舌、炸酥肉、火腿、玉蘭片、杏鮑菇、其它菌菇各100克，鵪鶉蛋8個，奶湯400毫升，金湯500毫升，鹽、味精、雞粉、胡椒粉各適量。

【製法】

1. 熟豬肚、熟豬心、熟豬舌、炸酥肉、火腿、玉蘭片、杏鮑菇及其它菌菇均切成薄片，然後依次在蒸碗裡擺好，再掺入用鹽和胡椒粉調好味的奶湯，入籠旺火蒸熟後，取出來潷出湯汁，隨後翻扣在盤裡。
2. 把鵪鶉蛋磕破，置入小調羹，入籠蒸成「芙蓉蛋」，取出來後放在盤邊上。
3. 鍋裡掺金湯燒開，放入鹽、味精、雞粉和胡椒粉調好味後，出鍋灌入盤裡即成。

03

成都
城西區
Chengdu
RESTAURANT
27.

李記老味道土菜館

對食材有了深刻認識，才能烹出好菜

有人在網上是這樣評價這家餐館的：「家常小炒土菜館，做出名店老味道。」的確，這家餐館經營的就是民間鄉土菜肴，力求展現巴蜀傳統的好味道。

在環境裝修上，不求時尚，以簡單的木框、木門、瓦簷等，營造出的是川西民居風格。壁上掛的一些食俗畫，摻茶用的銅茶壺，桌上的木製竹製餐具……，猶如受邀鄰家作客，氣氛親切而不拘束。

李記老味道由李方明、李良德、朱世軍三人共同投資經營，於2006年5月開業，餐館最初的定位即以大眾消費為主，由於物美價廉，菜品有特色，可以說從開業就紅火至今。店上的南瓜雞、芳芋仔排、土佬肥、千層肉獲得了「四川名菜」稱號，而峨眉鱔絲、萬源岩豆、稻草鵝、油底肉等也都是叫響食界的佳肴。

餐飲界流傳著一句話：美味來自民間。投資人之一的李良德本就精通川菜廚藝，為了打造好老味道的招牌，他時常深入四川各地市州縣乃至鄉村場鎮，為的就是尋找最質樸的食材，並挖掘民間最原本真實的味道。比如店裡的南瓜雞即來自川西攀枝花，炸貓貓魚則來自川南自貢，肉煎餅則來自川北閬中，酥炸岩豆則來自川東達州……。

只有好調料，才能烹出好味道；只有對食材有了深刻認識，才能烹出好菜；只有對食客以真誠，生意才會越做越紅火。這就是李記老味道的經營秘訣。

■**總店地址**：成都市青羊區金陽路67號 ■**分店地址**：成都成華區地堪路1號附43號 ■**訂餐電話**：028-87396888 ■**人均消費**：約40元人民幣 ■**消費方式**：現金、刷卡均可 ■**座位數**：大廳約100位，各式包廂8間 ■**自駕車**：有停車壩子 ■**好耍提示**：總店所在街道為蓉城的一條小美食街，附近有多家茶樓和特色小菜館。此外，該店離金沙遺址博物館約10分鐘步行路程。

老味道
Must select
必點！特色菜
千層肉
竹毛肚炒蛋
南瓜雞
老罈油底肉
一桶香
峨眉鱔絲
滋味牛掌

■解密01

老場口剔骨肉

【原料】

淨豬頭1個，青辣椒100克，手搓煳辣椒30克，蔥花、蒜泥、鮮湯、鹽、味精各適量。

【製法】

1. 把豬頭洗淨後，放入沸水鍋裡煮熟，撈出晾涼，再取附著於頭骨上的肉撕成條。
2. 青辣椒剁成椒泥，加入手搓煳辣椒、蔥花、蒜泥、鮮湯、鹽和味精調成味碟，隨裝好盤的剔骨肉一起上桌。

■解密02

芳芋仔排

【原料】

豬排骨500克，蒸肉米粉100克，芳芋300克，蔥花、豆瓣醬、醪糟、鹽、白糖、醬油、味精、熟菜油各適量。

【製法】

1. 把豬排骨斬成長節，納盆加入豆瓣醬、醪糟、鹽、白糖、醬油、味精、蒸肉米粉和菜油拌勻待用；另把芳芋切成塊。
2. 把芳芋塊放入大缽裡墊底，再填入拌好米粉的排骨，入籠蒸至軟熟取出，撒上蔥花即成。

02

03

01

■解密03

萬源岩豆

【原料】

萬源特產岩豆200克，薑末、蒜末、蔥末、乾辣椒節、鹽、糖、醋、花椒粉、味精、太白粉、沙拉油各適量。

【製法】

1. 把岩豆用清水泡漲後，再瀝水入籠蒸熟取出，接著撒少許太白粉拌勻。
2. 鍋放沙拉油燒熱，下入岩豆炸酥後倒出瀝油。
3. 另鍋上火放適量油，下薑末、蒜末、蔥末、乾辣椒節、鹽、糖、醋、花椒粉和味精炒成怪味汁，然後倒入岩豆炒勻，起鍋裝盤即可。

Chengdu
RESTAURANT
28.

芙蓉錦匯陽光酒樓

川菜品種豐富、美味中帶有創新

在中國人的觀念裡，吃飯可是大事，遇上親朋好友聚餐，選擇一家合適的餐廳酒樓常讓許多人傷透腦筋，除了要考量每人的偏好、菜品質量、還要注意其交通便利性、周邊有無地方好耍等。而芙蓉錦匯陽光酒樓就是這麼一家可以多方面滿足需求的酒樓，雖然位於西三環，但現今大家都有車，這點距離不是問題，問題是停車！在芙蓉錦匯酒樓停車之方便絕非三環內的酒樓比得上的，即使全店客滿也不用怕沒車位。

這裡的廳堂十分大氣而優雅，每個包廂都有獨立的洗手間。菜色以四川傳統川菜體系為基礎，品種豐富、美味中帶有創新，如南瓜煮花蟹、菊花鵝肝、砂鍋鹿肉等。雖然消費是中等以上，但菜品相對豐富而精緻，讓您請客不丟臉、聚餐不掃興。

芙蓉錦匯酒樓的另一項特點，就是服務精緻到位，針對不同的筵宴提供相對應的配套服務，如生日宴請，在用餐期間，會幫您把帶來的蛋糕用小車推進來，同時伴著生日快樂的音樂，歡樂氣氛一下子達到高潮。

說到耍，酒樓就設有生態茶樓，推崇人與自然的融合，精心營造天然、有氧的品茗空間。若要四處轉轉，開車不用10分鐘就可達兩河城市森林公園體驗悠閒異國風情或是上三環到歡樂谷玩樂逛街都行。好環境配上美味佳肴，曾有網友因為這家酒樓給他的好印象，而愛上了成都這座城市，這即是芙蓉錦匯酒樓的菜品出眾的最佳寫照。

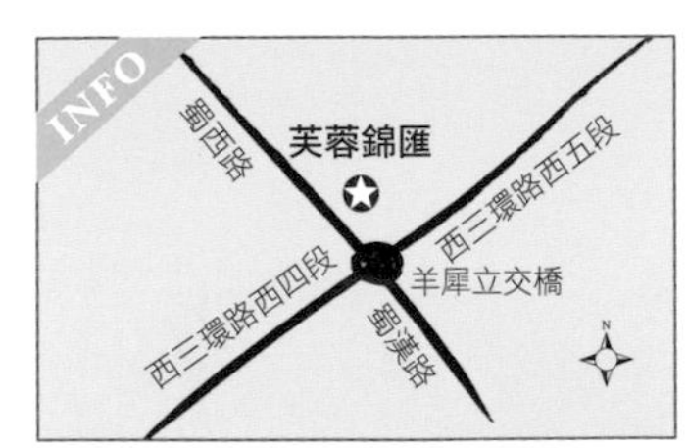

■**地址**：成都市蜀西路12號 ■**訂餐電話**：028-87500333 ■**人均消費**：120～150元人民幣 ■**消費方式**：現金、刷卡均可 ■**座位數**：大廳約300位，各式包廂8間 ■**自駕車**：自有停車場 ■**好耍提示**：酒樓內設茶樓。距兩河城市森林公園或歡樂谷各約10分鐘車程。

GREATWALL

Must select
必點！特色菜
翅湯雪花牛肉
砂鍋鹿肉
木瓜酥
三杯雞
極品金湯翅
葡萄冬瓜

Specialty Meal

解密！招牌菜

■解密01

南瓜煮花蟹

【原料】

花蟹2隻，南瓜200克，水發銀耳80克，去皮熟綠豆50克，金瓜汁、濃湯、鹽、太白粉、雞油、沙拉油各適量。

【製法】

1. 把花蟹宰殺治淨，每隻斬成6小塊，碼味後撲上太白粉待炸；南瓜切成菱形塊，上籠蒸熟取出。
2. 鍋內放油燒熱，倒入花蟹塊浸炸一下撈出瀝油。另鍋放加少許雞油，加入金瓜汁炒一下，再掺入濃湯，放入蟹塊用小火煨15分鐘，加入銀耳、去皮綠豆後放鹽調成鹹鮮口味，最後勾芡即可起鍋裝盤。

01

■解密02

葡萄冬瓜

【原料】

冬瓜1000克，黑加倫葡萄汁、蜂蜜各適量。

【製法】

1. 冬瓜去皮，用小勺挖成冬瓜球，然後入沸水鍋裡氽熟撈出。
2. 把黑加倫葡萄汁和蜂蜜納盆對成味汁，下入冬瓜球浸泡5小時，撈出裝盤擺成葡萄形狀即可。

02

■解密03

菊花鵝肝

【原料】

成都鵝肝500克，白蘭地酒、波特酒、菊花茶汁、鹽、太白粉水各適量。

【製法】

1. 鵝肝用清水漂洗乾淨後，加入白蘭地、波特酒、菊花茶汁和鹽醃製2小時。
2. 用攪拌機把醃入味的鵝肝打成茸，盛出加少許太白粉水拌勻，然後鋪在不銹鋼平盤內，上籠蒸30分鐘，取出冷卻待用。
3. 臨出菜時，取出改刀成塊裝盤即成。

03

〔成都總店〕

武陵山珍

鮮香味美、清醇可口的「東方魔湯」

武陵山珍，一個金子般閃亮的名字！

自2003年以來，一股食用山珍的風潮席捲蓉城，無數的「武陵山珍」如雨後春筍般拔地而起，讓原創的重慶市武陵山珍經濟技術開發有限公司的「武陵山珍」這幾個字險些不能再用，並讓成都陷入餐飲圈的商標混戰，董事長畢麥先生多年的努力差點付諸東流，給他人做嫁衣了。

可以造成這樣的旋風就因人有個性，菜有特點。

好在，一切已基本平息，讓畢麥先生鬆了口氣。「畢麥」非其真名，而是另有深意：「以畢生精力趕超麥當勞。」

武陵山珍最引人注目的莫過於店內的各式湯鍋。湯色清澈，鮮香撲鼻。配上各種名貴菌種，如老人頭、松茸、羊肚菌、竹蓀、球蓋等，美味無比，不光能讓人大快朵頤，更能滋補養身，號稱「男人的加

油站，女人的美容院」。

那不是簡單的菌湯，是「東方魔湯」，如何得名，還有一段不短的故事：話說野生菌菜的烹調，難度最大的就是如何在烹調過程中確保野生菌菜的鮮、香，並且保留營養價值。對此，畢董、王總裁登門拜訪了著名生物學家、食用菌專家周開孝教授，並聘請多位大學教授成立了「武陵山珍顧問團」。經過2年多的摸索，一種摒棄傳統重慶火鍋麻辣特點的新火鍋底料研製成功，這種以幾十種野生菌菜為原料，科學提煉、精心熬製，不僅保證野生菌菜的營養價值不流失，而且清淡的鍋底也保證能讓顧客體驗到野生菌菜原始飽滿的鮮和香。用此配方可自選加入各種鮮蔬肉片野生菌，隨心所欲熬製，就因它具備上述特點，而被中外養生科學家譽為「東方魔湯」。

菜品的美味、湯水的功用自不必說，席間還有美麗的少女為食客演唱土家苗寨民歌，歌聲清亮宛轉，純樸自然，讓人流連忘返。

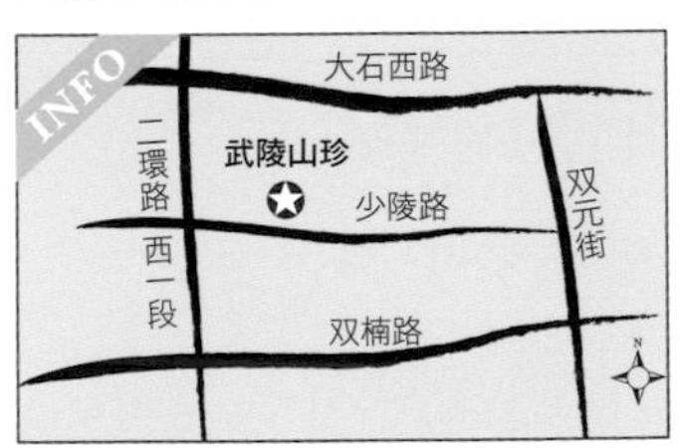

■**地址**：成都市武侯區雙楠少陵路88號 ■**訂餐電話**：028-87026503 ■**人均消費**：約112元人民幣 ■**網址**：www.wlsz.com ■**消費方式**：現金、銀聯 ■**座位數**：大廳約100位，魔湯吧40-50位，各式大小包廂9間 ■**自駕車**：餐廳門前有停車場及地下停車場 ■**好耍提示**：餐廳隔壁有咖啡廳、樓上有茶坊、機麻、樓下有酒吧、旁邊有浴足等。

Must select
必點！特色菜
香烤蕎麥粑
醋椒茶樹菇
霸王別姬
土家香熏牛肉
千年頭碗
太婆臘肉

Specialty Meal

解密！招牌菜

■解密01

霸王別姬

【原料】

甲魚1隻，烏雞1隻，鮮猴頭菇500克，東方魔湯一份。

【製法】

1. 將甲魚、烏雞宰殺治淨，鮮猴頭菇洗淨備用。
2. 取東方魔湯燒開，將甲魚、烏雞、鮮猴頭菇放入熬製20分鐘，即可食用。可再搭配各式喜愛的菇菌、時蔬食用。

■解密02

土家酸鮓肉

【原料】

精選三線五花肉500克，土豆（馬鈴薯）300克，泡紅辣椒、泡薑、少許精鹽、花椒粉、米麵粉適量。

【製法】

1. 將精選三線五花肉洗淨後，加入秘製的泡紅辣椒、泡薑、少許精鹽、花椒粉和勻。
2. 再裹上米麵粉，放入罈子裡密封後，置於陰涼處醃製十五天左右取出。
3. 將醃製好的精選三線五花肉改刀成片，置於碗中，再放入切好的土豆（馬鈴薯）塊，上籠蒸10分鐘，取出倒扣即可。

02

03

01

■解密03

養生菌包

【原料】

精選三線五花肉250克，野生菌100克，雞油、雞精、特製調料適量。精製麵粉、少許糖、奶粉、酵母作成的包子麵皮約10片。

【製法】

1. 將精選三線五花肉洗淨，煮熟後切塊，加上野生菌，下鍋炒香後，再剁細，加上雞油、雞精、特製調料後，做成包子餡。
2. 取麵皮包入餡料，製成包子後上籠蒸熟即成。

成都
Chengdu
RESTAURANT
30.
城西區

龍鳳瓦罐煨湯酒樓

以實惠立足大眾，以家常贏得好評

成都龍鳳瓦罐煨湯酒樓立足大眾，以典雅素淨的裝修、實惠的價格、家常的味道贏得一致好評，使其可以風風火火近10年，其菜品質量與美味自不在話下，不論中午或晚上生意可都非常火爆。

瓦罐煨湯是該酒樓最具代表性的菜品，湯鮮醇味濃。瓦罐煨湯源自江西，因其美味又滋補不上火，硬是讓成都人愛上這一滋味，特別是那近1.5公尺高的大瓦缸，遠遠的就將好奇心重的成都人給吸引住了，但比起發源地江西那常見的3公尺高的超大瓦缸，這只能算是小瓦缸。

瓦罐煨湯的製作一般都是先把湯料兌好，再裝入小瓦罐內，然後放入大瓦缸裡用炭火長時間煨出來的，一般都在3、4小時以上，久煨之下食材的鮮味及營養成分充分釋放於湯中，成品湯汁稠濃，醇香誘人，極具食補功效。其中又以紫菜綠豆排骨煨湯、鵝掌苦藠煨湯、天麻乳鴿煨湯等最具特色。

另外，該店的鐵板菜也很有代表性，像鐵板肥腸、鐵板魷魚鬚等，既不失道地家常川味特色，又吸收了粵菜的一些調味方法。

■**地址**：成都市清江東路61號 ■**訂餐電話**：028-87337378 ■**人均消費**：約40元人民幣 ■**消費方式**：現金、銀聯 ■**座位數**：大廳約80位，各式包廂8間 ■**自駕車**：周邊有停車位 ■**好耍提示**：餐廳樓上有配套的茶坊和KTV。

清江东路
61
Must select
必點！特色菜
鐵板肥腸
風味蘿蔔乾
鮮椒鴨掌
鐵板魷魚鬚
風味丁香魚

■解密01

鐵板肥腸

【原料】

滷肥腸300克，青紅辣椒100克，蒜薹50克，薑片、蒜片、蔥節、馬耳朵泡辣椒各10克，洋蔥絲、老干媽豆豉、蠔油、草菇老抽醬油、鮮湯、雞精、味精、沙拉油各適量。

【製法】

1. 將滷肥腸切成菱形塊。青紅辣椒切成短節。蒜薹切成段。
2. 鍋裡放沙拉油燒至五成熟，下肥腸塊炸一下，撈出瀝油，青紅辣椒節、蒜薹段放油鍋裡滑一下，倒出瀝油。
3. 鍋裡留少許底油，投入薑片、蒜片和泡辣椒節炒香後，再下老干媽豆豉、蠔油、肥腸、青紅辣椒節、蒜薹段炒勻，隨後摻少許鮮湯，加入草菇老抽醬油上色和雞精、味精調味，最後放入蔥節炒勻。
4. 鐵板燒燙，放入洋蔥絲墊底，然後盛入炒好的肥腸，即成。

■解密02

鐵板魷魚鬚

【原料】

鮮魷魚鬚300克，小米辣椒40克，青紅辣椒節100克，洋蔥絲、薑米、蒜米各5克，自製XO醬、十三香、孜然粉、辣椒粉、雞精、辣鮮露、料酒、自製香料油、沙拉油各適量。

【製法】

1. 魷魚鬚洗淨以後，在粗的那一端剞上花刀。小米辣切成圈，青紅辣椒切成馬耳朵節。
2. 鍋裡摻清水燒沸，加入料酒後，下魷魚鬚汆一水，撈出瀝水後，再放進燒至五成熱的油鍋裡稍炸一下。
3. 鍋裡放自製香料油燒熱，下入小米辣椒圈、XO醬、十三香和辣椒粉先炒上色，再放入魷魚鬚和青紅辣椒節炒勻，其間加雞精和辣鮮露調好味，臨起鍋時，加入孜然粉翻勻。
4. 鐵板燒燙，撒入洋蔥絲墊底，隨後盛入炒好的魷魚鬚，即成。

■解密03

苦藠鵝掌湯

【原料】

鵝掌400克，苦藠100克，乾雪豆50克，薑、蔥、香料、鹽、雞精、味精、十三香、醪糟、花雕酒各適量。

【製法】

1. 鵝掌剁去腳尖，砍成兩半後，再放進沸水鍋裡煮去血沫。苦藠洗淨，雪豆用清水發漲待用。
2. 鍋裡摻清水燒沸，加入薑、蔥、香料、鹽、雞精、味精、十三香、醪糟和花雕酒，煮一段時間後，取湯汁備用。
3. 取一個瓦罐，先放入雪豆、苦藠和鵝掌，再摻入熬好的清湯，用鋁箔紙封好口，然後放入大瓦罐裡，依先大火，再中火，後小火的順序，煨5小時以上，即成。

禾杏廚房

鄉土菜、風味江湖菜、特色家常菜

禾杏廚房的位置很特別，在成都羊西線三環路附近的一個住宅區裡開業，老闆是曾經擔任星級酒店廚師長多年的廚師，主要經營鄉土菜、風味江湖菜、特色家常菜，雖是以家常風味菜為主，走的也是大眾價位，但老闆對美食美味的要求卻絲毫沒有降低標準。如拌土雞，一般選用仔公雞取其肉嫩，但為求更佳的口感，老闆選用仔母雞製作，肉嫩口感更佳。

禾杏廚房的營業面積雖只有300平方公尺左右，店堂的裝修也十分樸實，但很有特點，很有農村田席的風情。禾杏廚房的口岸（指地理位置）其實不算好，不過憑藉著廚師老闆過硬的烹飪技術、合理的管理和適銷對路的菜品，加上餐館前有平壩空地，讓許多食客喜愛上有如壩壩宴的用餐氣氛，因此餐館的生意一直紅紅火火。對於喜愛輕鬆隨興的用餐環境，又希望菜品質量俱佳的食客們，禾杏廚房是不二之選。

Must select
必點！特色菜

拌土雞

酥香貓貓魚

乾鍋脆筍

蒸老南瓜

缽缽香乾

■解密01

醬燒鴨

【原料】

麻鴨1隻，去皮小土豆（馬鈴薯）400克，薑片30克，蔥節50克，八角10克，鹽、料酒、甜麵醬、豆瓣醬、胡椒粉、味精、高湯、菜籽油各適量。

【製法】

1. 麻鴨治淨後斬成塊，用鹽、薑片、蔥節和料酒醃入味，再與去皮小土豆一起下到熱油鍋裡炸香便撈出。
2. 鍋留底油，投入薑片、蔥節和八角熗香，下甜麵醬和豆瓣醬炒香出味，烹入料酒，放入麻鴨塊和小土豆略炒，再摻適量的高湯燒沸，調入鹽、胡椒粉、味精等，然後倒入高壓鍋裡，加蓋上火壓煮約3分鐘，待鍋內汁水將乾時，離火揭蓋便可。

■**地址**：成都市蜀羅路77號 ■**訂餐電話**：028-87505986 ■**人均消費**：約30元人民幣 ■**座位數**：大廳約80位，包間3間 ■**自駕車**：餐館門前有一塊空地，可停車。 ■**好耍提示**：附近有多家茶樓、機麻。

01

■解密02

大碗豬蹄

【原料】

豬蹄1000克，小米椒粒50克，香菜20克，芹菜節30克，洋蔥塊50克，薑米、薑片、蔥、花椒、料酒、鹽、味精、香醋、冷高湯、香油、紅油各適量。

【製法】

1. 豬蹄治淨，放入加有薑片、蔥、花椒和料酒的沸水鍋裡煮熟了撈出來，剔去大骨，等到晾涼後剁成塊。
2. 把薑米、小米椒粒、鹽、味精、香醋、冷高湯、香油和紅油兌勻成酸辣味汁，再放入豬蹄塊拌勻，裝盤後撒上香菜和芹菜節即可。

02

成都 城西區

Chengdu
RESTAURANT
32.

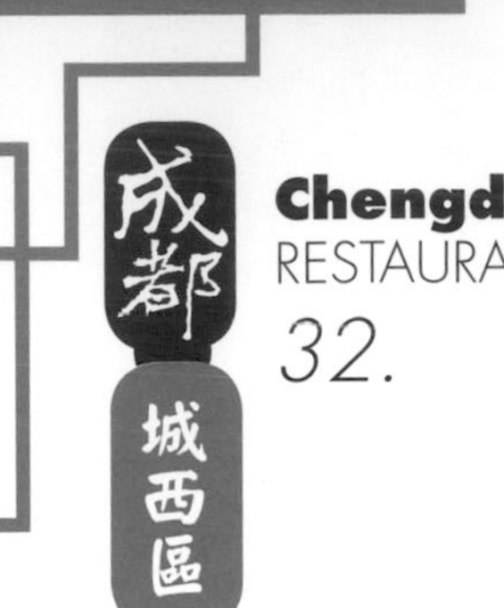

李庄白肉

大塊吃肉的愜意

橙底白字的招牌並不打眼，店門一如天下所有的家常館子，簡潔樸實。倒是門前擺著兩排燉菜的不銹鋼大桶，左側立一架五層高的竹蒸籠相當吸引人，右後側是涼菜間，進店就能感受到氤氳香氣。室內的裝修倒有點意思，金色碎花牆紙，幾盞盒子狀的吊燈，靠窗一溜棗紅印花燈盞，往上看，時尚派；往下看，鄉土派。留著小鬍鬚的店長很是自豪：「別看地方小，我們一天光肉圓子就要賣100來斤呢，招牌白肉也要賣幾十上百份。」顧不上多聊，店長就先上了幾道推薦的招牌菜——圓子湯、李庄白肉、肥腸血旺、水豆豉排骨、銀耳蒸南瓜等，邊聊邊嚐。

傳說中的李庄白肉上桌了，被片成巴掌大小的豬肉片，面上澆了一層蒜和鮮椒打成的汁醬，底下墊的是黃瓜片和側耳根，看上去似乎很膩人，但吃起來肥而不膩，細嫩化渣；混合著黃瓜的爽脆與側耳根的清香，唇齒間猶如上演了一出精彩絕倫的味覺大戲。

Must select
必點！特色菜

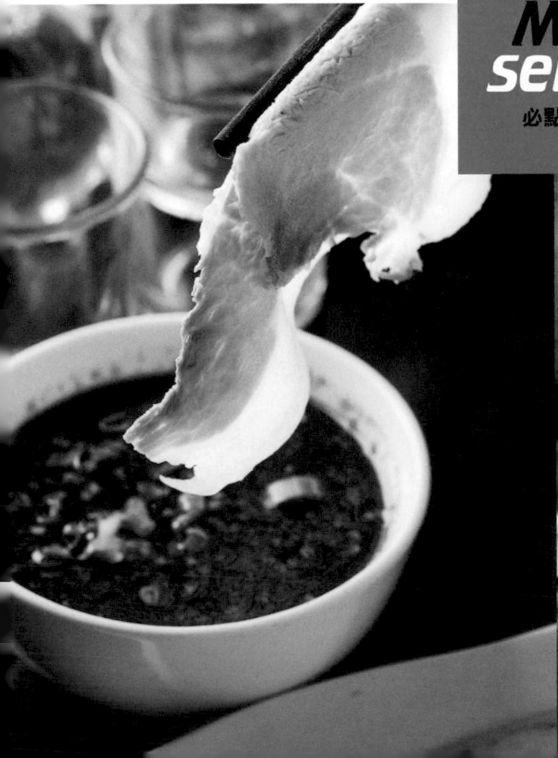

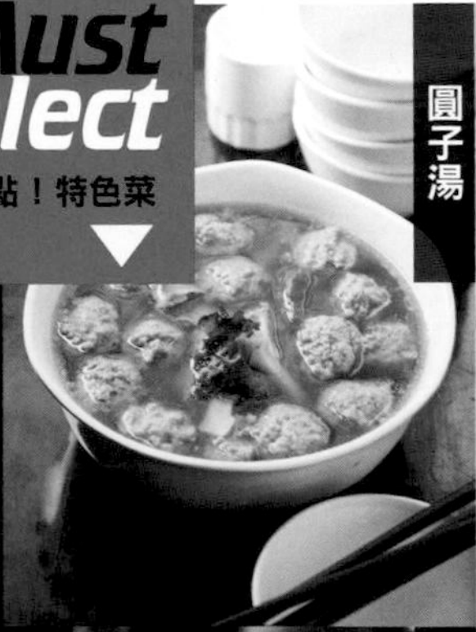

圓子湯

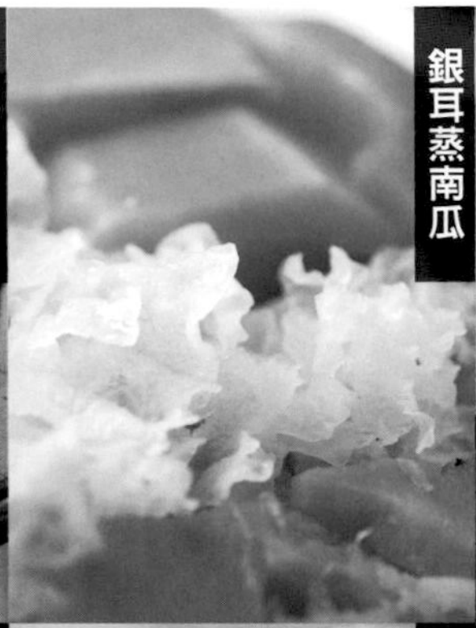

銀耳蒸南瓜

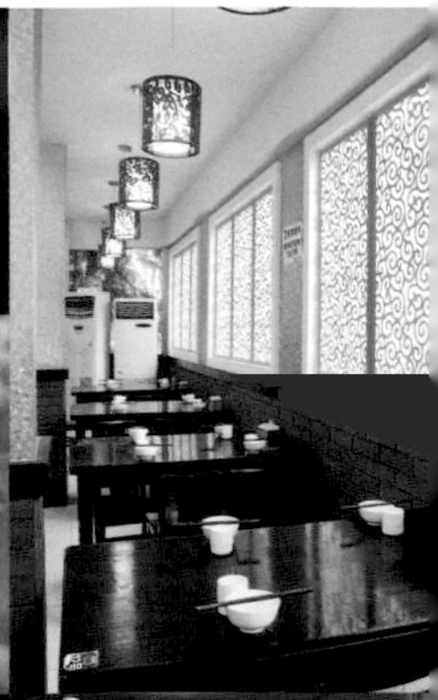

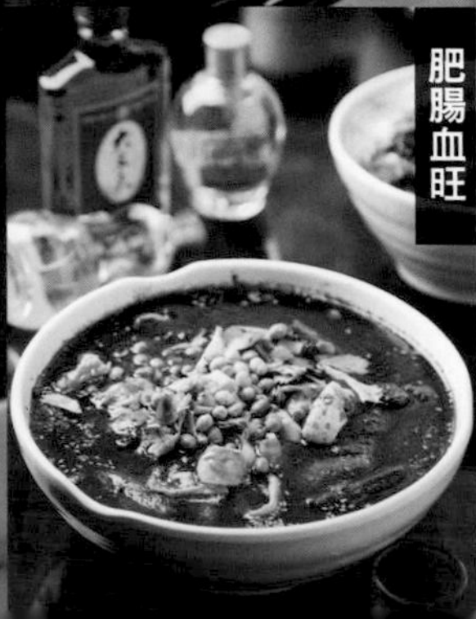

肥腸血旺

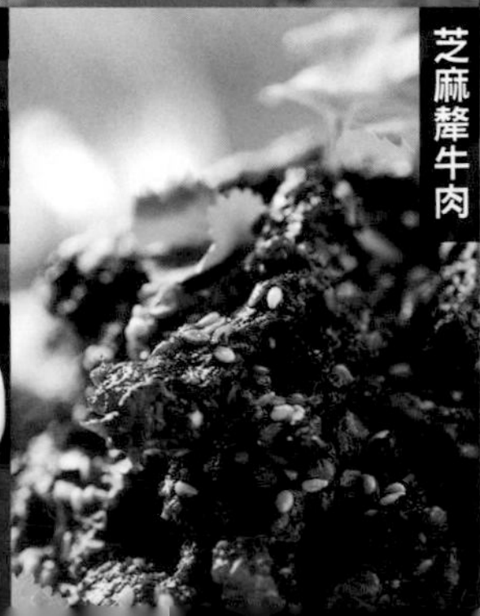

芝麻犛牛肉

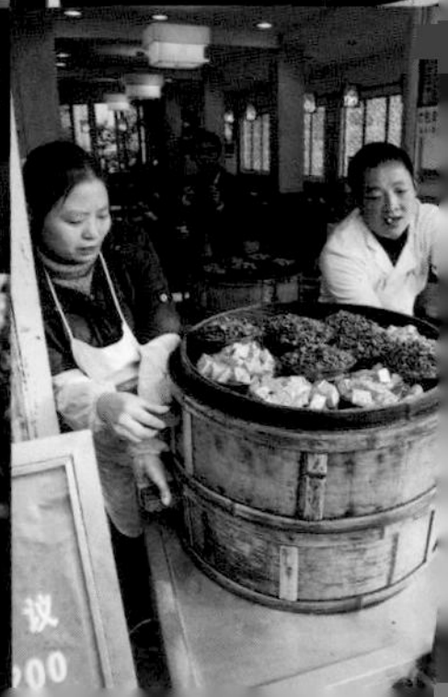

「李庄白肉」是以家常菜為主的特色餐館，除了名震八方的招牌白肉，還有一些令人拍案叫絕的拿手好菜，比如「肥腸血旺」，麻香突出，辣味適中，血旺嫩得吹彈即破，肥腸軟𤆵適口。「圓子湯」是家常菜館最常見的一道菜，看似技術含量不高，但要做得恰到好處並不容易。

「李庄白肉」的店名來自於川南宜賓境內的李庄古鎮。製作李庄白肉，訣竅在於選料精、火候準、刀工絕、調料香，四個要素缺一不可。原料選用豬後腿將臀部去掉第一刀之後的部位，俗稱「二刀肉」，也稱「坐墩肉」。這一部位肉質細嫩緊實，肥瘦均勻，切片後不脫層分離，極具感觀美。

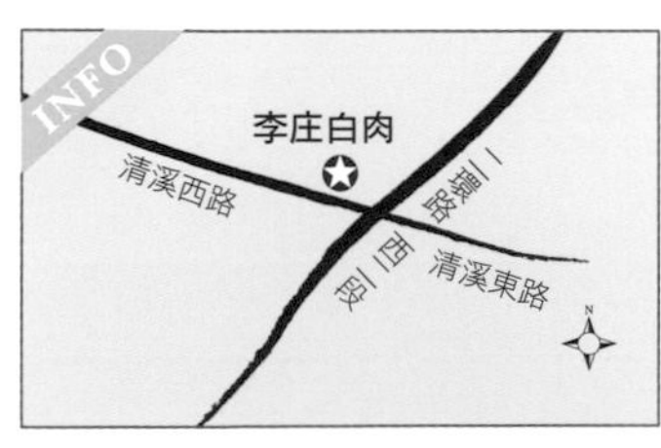

■**地址**：成都市青羊區清溪西路2號附4號 ■**訂餐電話**：028-87332329 ■**人均消費**：15～30元人民幣 ■**消費方式**：現金 ■**座位數**：50～60位 ■**自駕車**：沿街有停車位 ■**好耍提示**：附近有石人公園以及歐尚、麥德龍等大型超市。

Specialty Meal

火爆！招牌菜

■解密01

李莊白肉

【原料】

豬二刀肉500克，黃瓜、側耳根、薑、蔥、料酒適量，蒜泥、白糖、紅醬油、味精、雞粉、醋和紅油適量。

【製法】

1. 豬二刀肉洗淨後，放入加了薑、蔥、料酒的水鍋內，燒開後轉小火將肉燜熟，然後撈出來稍晾，在略有餘溫時切成大薄片。
2. 黃瓜洗淨切片和洗淨的側耳根一起放入盤中墊底，然後將肉片整齊碼放在上面。
3. 取蒜泥與白糖、紅醬油、味精、雞粉、醋和紅油調勻成味汁，上桌前澆於盤中肉片上便可。

01

■解密02

水豆豉燒排骨

【原料】

豬肋排600克，水豆豉、青紅辣椒圈、鹹菜、蔥薑末、蔥花、料酒適量。

【製法】

1. 排骨剁成長段，入沸水中焯一下，然後放入紅滷水鍋中滷熟。
2. 炒鍋加沙拉油燒熱，下排骨段浸炸至表面起酥時撈出。
3. 鍋留底油，下水豆豉、蒜末、青紅辣椒圈炒出香味，放入排骨段、鹹菜煸炒，調好味後夾出排骨段於盤中擺好，再將鍋中餘料澆在排骨上即可。

02

Chengdu
RESTAURANT

成都

城南區

Chengdu
RESTAURANT
33.

〔新館〕韓記燉品

精製燉品，讓人聞得出，品得到

作為專營民間傳統燉品的「韓記紫砂燉品」，創店十年來，不以「正宗」自縛，追求貴在有特色而自成一家，以民間傳統為本，選料精細，配伍講究，煨燉嚴謹，調製精妙，從而使其各式燉品「湯清而不淡，汁濃而不滯，質肥而不膩，味和而不寡」，以四季為譜，以養生為調，原湯原汁，風味獨具地推出數十種誘人又滋身養體的美味燉品。

中國可說是「湯的王國」，湯類繁多，而且製法精湛、口味上乘，講究「一湯十變」、「百湯百味」。尤其是民間，對各式湯品的配製和煨燉更為講究。燉品湯煲對國人的重要性，恰如清・李漁在《閒情偶寄》所言：「寧可食無饌，不可飯無湯」。

如蟲草燉老鴨、紫砂鎖龜蛇、松茸燉甲魚、天麻燉皇鴿、生地燉肉蟹、墨魚燉土雞、肝菌燉土雞、精湯松茸燉鯽魚、龍鳳配紫砂、蕃茄

燉牛肉等，無一不是味美鮮香，色香味襲人。尤其是川菜奇葩——青城山道家一絕「白果燉雞」，韓記所端出的滋味似乎是拜山問道，面壁七七四十九天而悟出的好湯，非同凡響。其湯雞油浮面，金黃燦亮，撥開油面後，湯色清醇，鮮香撲鼻；白果個個銀白圓潤，體大豐碩，且只只去心；道地的鄉村土雞肉質細嫩鮮美，入口化渣。其味之香醇，能給您返璞歸真的強烈感受，不僅雞香醇濃，湯中白果之味亦濃郁，十分難得。

韓記燉品不僅承襲傳統燉品之精髓，對飲食文化，尤其是「湯」文化，積極對民間湯品的烹調和習俗研究並融入其燉品、菜肴之中，讓人聞得出，品得到，並感受其中。在成都餐飲市場，特別是燉品行業中獨樹一幟，十年來，韓記燉品宗旨不變，風味不減，食客盈門，成為蓉城燉品湯館的一個典範。

■**地址**：成都市永豐路24號（國際花園） ■**訂餐電話**：028-66711798 66711799 ■**人均消費**：89～169元人民幣 ■**網址**：www.hanjidunpin.cn ■**消費方式**：現金、銀聯 ■**座位數**：大廳約260位，各式包廂28間 ■**自駕車**：周邊有公共停車格，自有停車壩子及專屬停車場，車位數量共約80個 ■**好耍提示**：附設茶坊、機麻、棋牌等。

市中心區
城東區
城西區
城南區
城北區
郊區

Must select
必點！特色菜
乾鍋鱺魚
滋補龍鳳配
蟲草老鴨
滋補鱺魚湯
椒鹽鱺魚
白果燉雞
木耳燉雞

Specialty Meal
解密！招牌菜

■解密01

金圓碧條燒鱷魚

【原料】

鱷魚肉400克、四季豆60克、小土豆（馬鈴薯）120克，豆瓣、薑、蒜米、胡椒粉、高湯適量。

【製法】

1. 鱷魚改成塊備用，鍋內放油燒熱，再放鱷魚肉、四季豆煸炒香撈出備用。

2. 放豆瓣、薑、蒜米炒香後放入高湯煮開打去渣。 放入步驟1的原料和小土豆，加入少許胡椒粉，燒至入味收汁，裝盤即可。

■解密02

墨魚燉雞

【原料】

乾墨魚1個、土雞1隻、原湯適量，薑、蔥、料酒、鹽、雞粉適量。

【製法】

1. 乾墨魚泡水洗淨，改刀切成絲備用 。

2. 砂鍋內加入水燒開，加入薑、蔥、料酒、全雞，再次煮開後撇去浮沫，關火泡5分鐘後取出。

3. 紫砂鍋內加入原湯、泡煮過的雞、墨魚絲燉8小時，以鹽、雞粉調味即成。

■解密03

天麻皇鴿

【原料】

皇鴿2只、天麻200克、原湯適量，枸杞、薑片、蔥段、料酒等適量。

【製法】

1. 皇鴿洗淨。鍋內加入水、薑、蔥、料酒燒開，下入皇鴿再次煮開後撇去浮沫，關火泡5分鐘。

2. 天麻用水泡軟切成片備用。

3. 紫砂鍋內加入原湯，放入皇鴿燉7小時，再加入天麻、枸杞燉1小時，以鹽、雞粉調味即成。

成都
Chengdu
RESTAURANT
34.
城南區

卞氏菜根香

泡菜成席，世間百味，菜根飄香

卞氏菜根香創立於1998年，餐館原名為成都菜根香泡菜酒樓，紅火之後，造成餐飲界一片「菜根香」的現象，為避免食客混淆於是在2000年更名為「四川卞氏菜根香泡菜酒樓」，2001年成立卞氏菜根香集團餐飲管理公司。從這裡就可看出卞氏菜根香的菜肴是如何得讓大眾喜愛，甚至瘋狂追捧。

在四川成都地方，家家戶戶都會有幾個罈子是專門拿來做泡菜的。家常不過的泡菜，卻讓四川人愛到骨髓裡去了。但大家都知道，做泡菜容易，做好泡菜那就難了，若要將泡菜創新成為各式菜品甚而端上宴席，那更是難上加難。

食得菜根，百事可為！卞氏菜根香便是本著這種精神，以民間泡菜及泡椒系列為主題，將川菜與飲食風情相結合，廣泛挖掘民間菜品，發揮創意推出招牌菜品「菜根老罈子」、「泡椒墨魚仔」等風靡

四川的民間風味菜，而泡菜成席，世間百味，菜根飄香的特點，這樣的鄉土鄉情鄉味，一下讓蓉城陷入瘋狂，冒出了一堆山寨「菜根香」。

為何卞氏菜根香的泡菜系列菜肴可以讓人朝思暮想？這就要從創始人卞克先生在十多年前嚐到青城山「泡菜大王」之稱的老人所泡製的泡菜說起。都江堰的青城山歷來是地靈人傑，生態環境極佳又無污染，對四川人而言其泡菜工藝更是一絕，實地考察後，卞氏菜根香的泡菜基地就決定建在這裡。據瞭解，其泡菜的製作是以青城山的高山雪水製醃菜，再將泡菜罈半埋在土裡採大地之靈氣並保持恆溫，加上醃製過程中的獨特工藝，泡出來的泡菜鹹酸適中，清脆可口，不生花、不軟綿，因此其泡菜的乳酸香味舒心綿長，風味極具特色。

掌握了這樣絕佳的好食材，加上用心的烹調，真是菜根也飄香！

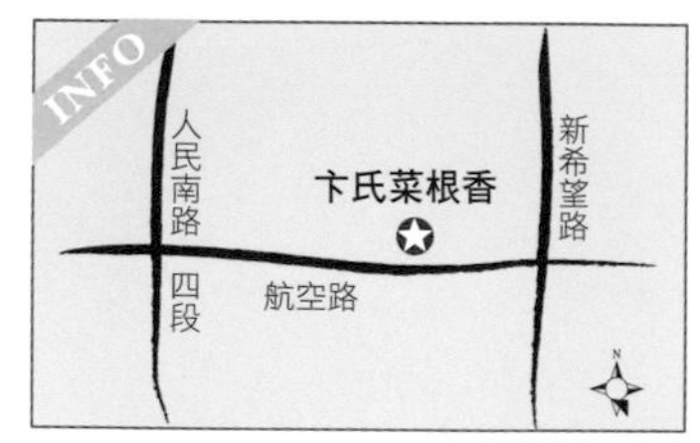

■**地址**：成都市航空路7號 ■**訂餐電話**：028-85226767 ■**人均消費**：80～120元人民幣 ■**網址**：www.caigenxiang.com ■**消費方式**：現金、銀聯 ■**座位數**：全部約600位，提供各式包廂 ■**自駕車**：自有停車場，周邊也有許多公共停車位 ■**好耍提示**：酒樓設有茶樓、機麻，鄰近望江樓公園、東湖公園、老成都民俗公園。

Must select
必點！特色菜
口水雞
香根菜氏卞
乾隆一品鮑
古法神仙雞
砂鍋野生大口鯰

Specialty Meal

解密！招牌菜

■解密01

泡椒墨魚仔

【原料】

墨魚仔400克，滾刀青筍塊200克，蔥節50克，芹菜節50克，紅油50克，薑米10克，蒜米5克，泡椒醬30克，子彈頭泡椒400克，醪糟10克，味精、雞精各5克，胡椒粉2克，白糖5克，太白粉水少許。

【製法】

1. 墨魚仔治淨後，入沸水鍋裡汆一水，青筍塊也入沸水鍋裡焯熟。
2. 鍋入紅油燒熱，下入薑米、蒜米、泡椒醬和子彈頭泡椒炒香，再放入墨魚仔和青筍略炒。
3. 調入醪糟、味精、雞精、胡椒粉和白糖，下蔥節和芹菜節炒勻，待淋入太白粉水勾芡收汁後，起鍋裝盤即成。

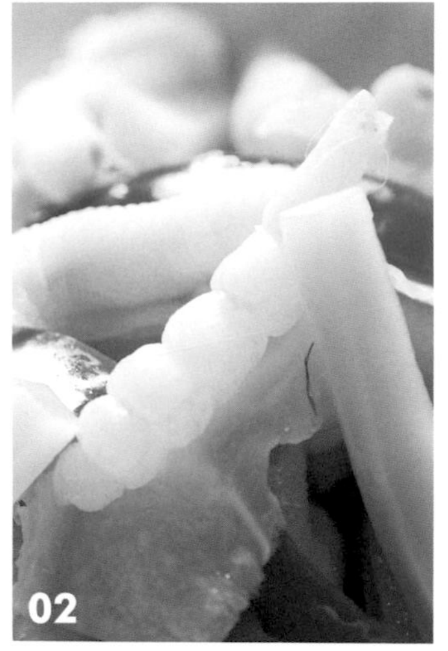

■解密02

老罈子泡菜

【原料】

熟去骨鳳爪150克，熟豬耳朵片100克，青筍條150克，西芹條100克，紅椒片30克，野連珠50克，黃瓜條150克，野山椒水、泡菜鹽水、味精各適量。

【製法】

1. 取一泡菜罈，先裝入無骨鳳爪和熟豬耳朵片墊底，再放上紅椒片和野連珠，蓋上青筍條、西芹條和黃瓜條。
2. 於罈中摻入用野山椒水、泡菜鹽水和味精調勻的鹽水泡入味，即可。

■解密03

富硒花生

【原料】

富硒花生米（含硒元素相當豐富的一種花生品種）300克，青紅辣椒圈100克，老陳醋250克，冰糖500克，鹽、花椒粉各適量。

【製法】

1. 花生米用溫水浸泡1小時後，瀝水並烘乾附著的水分備用。
2. 把老陳醋、冰糖、鹽和適量的清水入鍋熬至濃稠後晾涼，再放入花生米和花椒粉拌勻即可。

Chengdu
RESTAURANT
35.

〔東光店〕溫鴨子酒樓

百年滋味，有老傳統也有新詮釋

楓葉、沙河、小路、陽光……交織成一幅天然的田園山水畫卷。這裡風景優美，環境幽靜，是用餐、娛樂、約會的好去處。而老牌川菜酒樓溫鴨子東光店，就掩映在這一片湖光山色之中，顯出十足的古韻。創於1905年（清光緒三十一年）的溫鴨子酒樓，至今已有三代傳人，歷史不可謂不悠久。其經營的菜品以傳統川菜為主，搭配多樣特色菜品為輔，份量充足，味道醇厚。

對許多的饕客而言，到此必點其招牌菜溫鴨子、鴨血旺，它們的原料都來自自行經營。有百餘畝大的養殖基地，用天然河水養殖之土鴨，加上採用傳統工藝精烹調製而成，故吃起來口感十足、色鮮皮脆、醇香味美。溫鴨子的鴨子系列菜品，屬天然有機食品，更曾榮獲1990年成都市第二屆個體名小吃優質獎、2002年中華名菜中國烹飪協會金廚獎之殊榮。

除了鴨子系列菜品，其他的好菜也是不可勝數，如海味什錦、腐竹燴三鮮、平鍋牛肉、荷包豆腐……樣樣都美味可口，能讓味蕾大為振奮。另外還有創意菜肴層出不窮，像是雨石烤肉串就是把路邊小吃昇華上大雅之堂的美食；滋味魚頭成菜大器，色澤美觀，口味新穎獨特。每道菜品的材料選擇標準始終一如繼往，不講究名貴，也不要求稀奇，純淨天然是最高的堅持，但當中卻總是蘊含著美食烹調的新意，也意味著老味道的傳承有了新的詮釋。

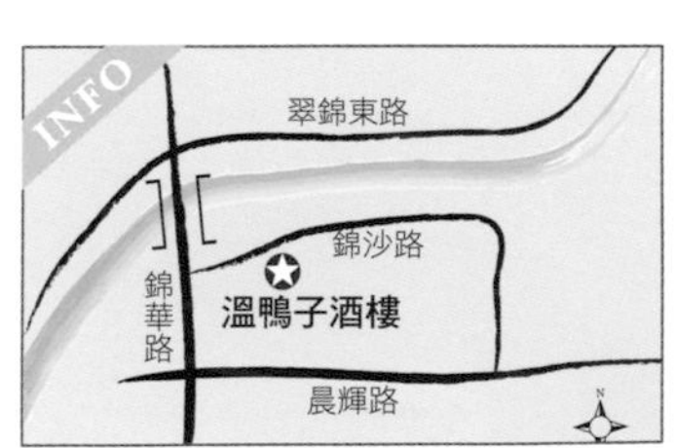

■**地址**：成都市錦江區錦沙路8號（新成仁路口） ■**訂餐電話**：028-85952558 ■**人均消費**：50～60元人民幣 ■**消費方式**：現金、銀聯 ■**座位數**：大廳約680位，各式包廂20間 ■**自駕車**：專屬停車場，車位數量80～90個 ■**好耍提示**：附設茶坊、機麻、棋牌，毗鄰東湖公園、萬達廣場。

Must select
必點！特色菜
生焗翠松柳
水豆豉焗鴨掌
醬爆鴨舌

Specialty Meal

解密！招牌菜

■解密01

雨石串烤肉

【原料】

三線五花肉300克，洋蔥、青紅辣椒、料酒、南乳、胡椒粉、排骨醬、太白粉、老油、薑蒜末、老干媽辣醬、水豆豉、孜然、芝麻香油、花椒粉適量。

【製法】

1. 用三線五花肉洗淨去毛後放入冰箱急凍後切成15公分左右的長薄片。
2. 洋蔥切成小塊，青紅辣椒切成魚眼圈備用，將五花肉片用料酒、南乳、胡椒粉、排骨醬、太白粉碼至入味，用燒烤竹籤串好。
3. 鍋內放入沙拉油燒熱後將五花肉串放入鍋內炸熟，瀝油取出。鐵板燒熱後放入洋蔥，炸熱的雨花石上擺肉串，鍋內放老油、薑蒜末、老干媽辣醬、水豆豉炒香，調味放入孜然、芝麻香油、花椒粉、紅辣椒圈淋在肉串上即成。

■解密02

溫鴨子

【原料】

川西土麻鴨1750克，薑、蔥、鹽、特製滷水各適量。

【製法】

01

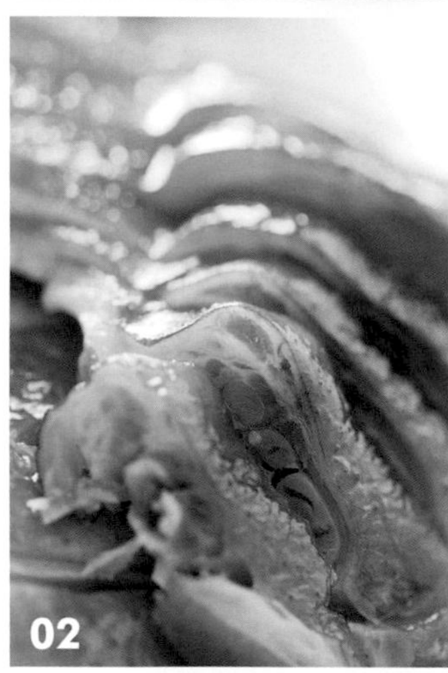

02

03

1. 選生態放養之土鴨經宰殺，退毛，去內臟，除去血水後放入香料，薑、蔥、鹽等碼製約6小時左右，撈出風乾水分。
2. 將碼味風乾的土鴨放入特殊煙燻料的料爐燻製成色澤金黃即可。
3. 晾冷後放入溫鴨子百年老滷水中，滷至炟軟熟透取出改刀裝盤即可。

■解密03

滋味魚頭

【原料】

胖頭魚頭700克，手工麵條80克，黃瓜100克，青紅辣椒各25克，炟豌豆80克，雞油、蔥油、高湯、薑、蒜、雞汁、黃燈籠醬、味精、白醋、藤椒油、青花椒適量。

【製法】

1. 胖頭魚頭去鰓，洗淨對剖成連刀兩半，黃瓜削皮去瓤改成斜刀一指條，青紅辣椒切小圈。
2. 用雞油、蔥油加熱後放入粑豌豆炒至香沙，加高湯、薑、蒜小火燒開熬製約20分鐘調味，放入雞汁、黃燈籠醬、味精、白醋等調成酸辣味金湯。
3. 魚頭上籠大火蒸6～7分鐘至熟放入大窩盤內，邊上放煮熟麵條、生黃瓜條，灌上調好的金湯。
4. 用蔥油，少許藤椒油炒香紅椒圈、青花椒，淋在魚頭上即可。

Chengdu
RESTAURANT
36.

蛙蛙叫·乾鍋年代

因應各地飲食偏好，適當的調整口味

當年，一個成都人因為投資乾鍋店生意失敗而遠走南京，多年後，南京的餐飲市場上多出了一個連鎖經營的乾鍋企業。在大江南北發展得極為紅火，目前在南京、上海、深圳、瀋陽、浙江及江蘇省已有超過到50家以上的連鎖加盟店。2010年底，這家乾鍋店不僅重新揮軍成都，成功的開設了兩家分店，並且後續的分店陸續開設，速度之快，生意之火，讓所有關注這家乾鍋企業的人都覺得不可思議。

究竟是什麼原因讓成都人在今天美食如雲的情況下如此的喜愛乾鍋，這個問題恐怕難以回答，但是若問蛙蛙叫乾鍋年代的生意為什麼這麼好，那麼，恐怕要從它的選址、裝修、菜品、服務等幾方面說起了。選址、裝修方面，刻意選在鬧中取靜的口岸，加上刻意營造的幽雅就餐環境，使吃火鍋有了中餐的滋味，西餐的新潮感；菜品、服務方面兼容並蓄，懂得因應地方飲食偏好，在不改變菜品特色的前提下做適當的口味調整，更取中餐與火鍋之精髓，讓一鍋兩吃成了新火鍋時尚，餐後還有餐館精心研發的各式甜品、冰品，硬是讓一個個食客們吃得舒服、安逸。

事實上，這些要素是每一個成功的餐飲酒樓所必備的，而蛙蛙叫乾鍋年代就在於能將這些優質的理念與出身草根的乾鍋菜肴作完美的結合，以乾鍋為主題推動乾鍋登入大雅之堂——有時候，成功僅僅是靈光一閃便足夠了。

■**地址**：成都市高新區芳草東街76號 ■**訂餐電話**：028-85144177 ■**人均消費**：約50元人民幣 ■**消費方式**：現金 ■**座位數**：大廳約200位，各式包廂6間 ■**自駕車**：周邊有公共停車位。 ■**好耍提示**：到浣花公園約10分鐘車程。

Must select
必點！特色菜
滋補湯鍋
琥珀牛肉
葵仁果
蔬菜煎餅
口水雞
糍粑糕
酸菜炒飯
糖工房、芒果布丁、
蛙蛙叫養生奶茶
清波擔擔麵

Specialty Meal

解密！招牌菜

■解密01

乾鍋牛蛙

【原料】

牛蛙600克，香辣料、野山椒、蒜米、雞精、胡椒粉、白糖、香辣油、青筍、土豆片(馬鈴薯片)、藕片、薑片、蔥節、大蒜、菜油各適量。

【製法】

1. 鍋上火注入香辣油和菜油燒熱，投入薑片、蔥節、大蒜，待薑片浮起時，下入香辣料、野山椒，翻炒出香。
2. 接著放入牛蛙炒至微黃，然後下蒜米續炒，待牛蛙轉呈金黃色時，續放土豆片，直至把土豆片水分炒乾，接著下入青筍、藕片，調入雞精、胡椒粉、白糖、料酒，繼續加熱至酒氣揮發後，即可起鍋裝入盆中。

■解密02

乾鍋鴨唇

【原料】

滷鴨唇（即滷鴨下巴）12個，香辣料、野山椒、蒜米、雞精、胡椒粉、白糖、料酒、青筍、青紅辣椒、芹菜、薑片、蔥節、大蒜、香辣油、菜油各適量。

【製法】

1. 炒鍋上火，注入香辣油、菜油大火燒熱，投入薑片、蔥節、大蒜炒香，待薑片從油鍋中浮起時，下入鴨唇轉小火翻炒。
2. 翻炒至鴨唇表面呈現微黃色時，下入蒜米、香辣料和野山椒，繼續翻炒至鴨唇呈金黃色。
3. 當鍋中飄出蒜香味時，下入青筍、青紅辣椒、芹菜，調入雞精、胡椒粉、白糖、料酒，等到酒氣散發完後起鍋即成。

■解密03

乾鍋鱔魚

【原料】

土鱔魚500克，香菇、圓泡椒、鮮筍、洋蔥、芹菜、薑片、蔥節、大蒜、香辣料、野山椒、蒜米、胡椒粉、白糖、料酒、菜油各適量。

【製法】

1. 淨鍋上火，注入香辣油和菜油，燒約6成油溫時，投入薑片、蔥節和大蒜，待薑片浮起油面時，投入蒜米、野山椒、香辣料和香菇。
2. 稍加炒製再放入鱔魚，待鱔魚褪盡血色時加入鮮筍、洋蔥、芹菜，調入雞精、胡椒粉、白糖和料酒，待輔料熟時起鍋裝入盆中上桌。

01

02

03

私家小廚

把家常菜賣出名的平價餐館

在成都市新希望路附近，有一家店名小雅，名氣卻很大，賣家常菜出名的餐館——私家小廚。不論是網上，或是朋友間都知道這家餐館的存在。餐館的廚師長張洪受訪時說：私家小廚自2005年3月份開業至今，生意就一直火爆著，這主要是因為餐館的四周都是居民住宅區和辦公寫字樓，得天獨厚的地理位置給餐館提供了充足的客源；其次，是這裡的人均消費十分貼近大眾，最關鍵的，還是我們這裡的家常菜做得地道，做得好吃，比如店裡的紅燒肉、小炒肝片、豆腐魚、酥皮牛柳、開胃兔、私家風情雞等幾道招牌菜，幾乎每桌都會點上一兩道。

Must select
必點！特色菜

小炒肝片

酥皮牛柳

剁椒肘子

開胃兔

私家紅燒肉

其實私家小廚的菜好吃，還跟他們選料有關係，就說「豆腐魚」這道菜所用的豆腐，最開始是用四川成都本地的豆腐。後來店老闆在一次出差到雲南時，發現在當地製作的豆腐要比四川的更適合做成豆腐魚，於是他回到成都後，就不惜成本專門從雲南採購豆腐回來，用作豆腐魚的配料，所以才成就了這道逢桌必點的豆腐魚。

雖說是在居民區和寫字樓裡的餐館，但只要事先預定，一樣可以有高檔宴席菜的享受，收費卻是中檔而已，十分物超所值。

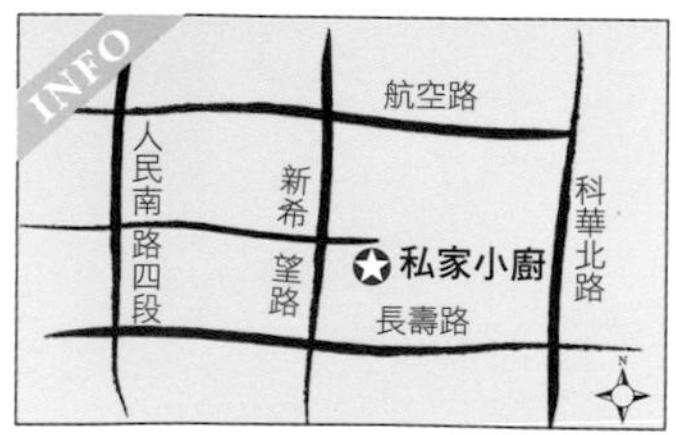

■**地址**：成都市新希望路曼哈頓4號 ■**訂餐電話**：028-88195538 ■**人均消費**：約30元人民幣 ■**消費方式**：現金 ■**座位數**：大廳約180位，戶外約40位，包間3間 ■**自駕車**：周邊有停車位，寫字樓有收費停車場 ■**好耍提示**：近老成都民俗公園。

Specialty Meal
火爆！招牌菜

■解密01

豆腐魚

【原料】

花鰱魚1條，雲南豆腐300克，芹菜段、蒜苗段各50克，郫縣豆瓣、油酥豆瓣、炒辣椒粉、乾辣椒粉、燒椒粉、剁椒、乾紅花椒、青花椒、乾青花椒、白糖、花椒粉、精鹽、味精、雞粉、料酒、木薯粉、沙拉油各適量。

【製法】

1. 花鰱魚宰殺治淨，剁成小塊後納盆，再調入花椒粉、精鹽、味精、料酒等醃10分鐘，然後撒入木薯粉抓勻，最後倒入燒至六七成熱的油鍋裡炸2分鐘，撈出來後控油瀝乾。
2. 鍋留底油，下郫縣豆瓣、油酥豆瓣、炒辣椒粉、乾辣椒粉、燒椒粉、剁椒、乾紅花椒、青花椒、乾青花椒等炒香，隨後調入精鹽、味精、雞粉和料酒，摻入清湯燒開後，下入魚塊和豆腐，燒5分鐘後，起鍋盛在裝有芹菜節和蒜苗段的盛器內，撒上乾青花椒和乾辣椒粉。
3. 淨鍋加油燒至七成熱，澆上熱油並撒香菜即可。

■解密02

燒椒雙脆

【原料】

鮮鵝腸200克，嫩黃瓜200克，青辣椒100克， 精鹽、味精、芝麻、紅油各適量。

【製法】

1. 先把治淨的鵝腸放入開水鍋裡汆熟，撈出來後瀝水。
2. 把青辣椒放明火上燒至外煳內熟，去淨皮、籽後，先後用鵝腸和嫩黃瓜長條卷起來裝盤，最後澆上加有精鹽、味精和芝麻的紅油即好。

01

2

Chengdu RESTAURANT

38.

〔沸城店〕

冷記鍋鍋香·乾鍋香辣館

人氣指數第一名的乾鍋香辣館

想一嚐成都大眾點評網乾鍋類人氣指數第一名的乾鍋美味嗎？到四川大學望江校區西門附近的沸城樓去，遠遠地您就會看到人頭鑽動，店名叫「冷記鍋鍋香乾鍋香辣館」。

鍋鍋香的總經理非常感謝顧客的愛戴，因好吃嘴們經常蒞臨使用餐的隊伍像一條人龍，四季中夏天尤其熱絡。這裡的常客當中不光只有附近的居民，更有很多遠道專程而來的老饕客。此店之所以能如此大名鼎鼎、聲名遠揚，首先在於他們在成都創店的時間較早，當時餐飲市場上的乾鍋菜肴才剛剛興起。

其次，在於乾鍋的味道好且穩定。店裡的廚師長徐師傅說，他們店裡用的是自製的

Must select

必點！特色菜

乾鍋香辣雙脆

乾鍋香辣排骨蝦

白果煨土雞

美味土司卷

香料油，加了20多種香料炒製出來的，所以他們的乾鍋味道才能做得地道，而且香辣味十足，像乾鍋香辣雙脆、乾鍋香辣爬爬蝦等，都是店裡的經典菜，也是食客點菜率最高的菜色，誠如網上的點評：「越辣吃得越歡」，「捨不得丟筷子」……。最後再來上一小罐白果煨土雞清清口，別提有多愜意了。最後還有令人舒適的環境，不但在室內設有雅座，還因地制宜在門口擺上許多露天餐桌，迎合了成都人喜歡戶外進食的喜好。

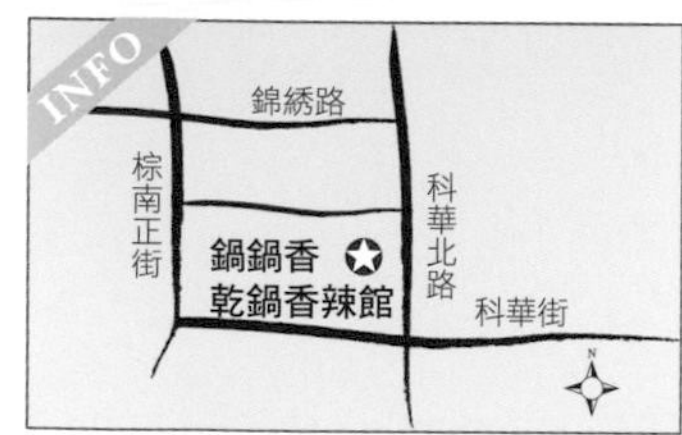

■**地址**：成都市科華北路60號/SOHO沸城112號 ■**訂餐電話**：028-85232085 ■**人均消費**：45～50元人民幣 ■**消費方式**：現金 ■**座位數**：大廳約40位，室外約30位 ■**自駕車**：公有停車格 ■**好耍提示**：樓上就有其他店的茶坊、機麻、浴足、棋牌等，附近有望江公園、九眼橋酒吧一條街、春熙路商業圈等。

Specialty Meal
火爆！招牌菜

■解密01

乾鍋香辣雙脆

【原料】

黃喉250克，鵝胗200克，黃瓜條、青筍條、藕條、黃筍條各120克，乾辣椒節、花椒粒、蒜茸、豆豉、鹽、味精、雞精、白糖、胡椒粉、啤酒、孜然粉、香油、花椒油、沙拉油各適量，自製香料油250克。

【製法】

1. 依次把改刀的黃喉和鵝胗，以及黃瓜條、青筍條、藕條和黃筍條下入六成熱的油鍋裡過油。
2. 鍋裡放入自製香料油燒熱，放入辣椒節、花椒粒炒香，下蒜茸、豆豉煸乾，放入已過油的主輔料炒製。
3. 調入鹽、味精、雞精、白糖和胡椒粉，加入啤酒並收乾，撒孜然粉並淋香油、花椒油，即可起鍋裝盤。

01

■解密02

香辣爬爬蝦

【原料】

爬爬蝦500克，洋蔥塊、西芹塊、大蔥塊各40克，乾海椒、花椒、大蒜、豆豉、香辣醬、鹽、味精、雞精、白糖、孜然粉、自製香料油、香油、花椒油各適量。

【製法】

1. 爬爬蝦過油炸得乾香後撈出來瀝油待用。
2. 鍋放自製香料油燒熱，先下乾海椒、花椒、大蒜、豆豉炒香，再放香辣醬炒香。
3. 放入洋蔥塊、西芹塊和大蔥塊炒熟，並放入爬爬蝦炒至入味，加入調料炒勻，撒入孜然粉，淋香油、花椒油，起鍋裝盤即成。

02

Chengdu
RESTAURANT

火爆餐館

成都

城北區

Chengdu RESTAURANT 39.

藍色港灣酒樓

廚藝精湛，勇於創新，吃喝玩樂一條龍

藍色港灣主營新派川菜、粵菜等精緻菜式。行政總廚任雲師傅有近20年廚齡，廚藝精湛，勇於創新，比如他選用鱖魚來製作菊花魚，並且以家常味替換常見的糖醋味，這樣就使口感和味覺得到了雙重提升。他製作的宮保蝦仁、宮保銀鱈魚等創新川菜，既凸顯了川味，又讓大眾顧客有了全新的感覺。

藍色港灣是成都尚成酒店管理有限公司旗下的一個品牌酒樓，位於交大智慧五期——智慧康城大門的右側，總建築面積達8000多平方公尺，目前是九里社區最大的一座集餐飲、康樂、休閒、運動為一體的現代化休閒場所。

酒樓一樓入口寬敞的大廳，現代而典雅的空間設計，讓人眼睛一亮，用餐大廳以喜慶的紅色吊燈點綴，可同時容納超過450人用餐，也可彈性安排用餐空間方便舉辦各種宴會，還有靠窗的四人雅座，大宴小酌都可得到滿足。二樓為裝修風格各具的商務豪華包廂，每個包廂都是以詞牌名命名，充滿四川休閒文化韻味，同時因樓面挑高的關係，每個包廂都相當寬敞舒適；三樓是江南園林風格的茶樓，可供食客飯前、飯後品茗娛樂，偶爾會有評書等民間傳統表演活動；四樓則是成都市少有的大型室內恒溫游泳館——「露真池」，溫度常年恒定在28℃，別具匠心的陽光天穹，白天可浮池觀雲，晚上更可細數繁星，是讓您享受美食、放鬆身心的最佳場所。

■**地址**：成都市星河路91號 ■**訂餐電話**：028-87610077 87617700 ■**人均消費**：大廳80～100元人民幣，包廂120元人民幣以上 ■**消費方式**：現金、刷卡皆可 ■**座位數**：大廳約460位，各式包廂12間 ■**自駕車**：周邊有充足的停車位 ■**好耍提示**：酒樓附設有茶樓、機嘛、游泳池。集餐飲、康樂、休閒、運動為一體的現代化休閒場所。

■ 市中心區
■ 城東區
■ 城西區
■ 城南區
■ 城北區
■ 郊區

Must select
必點！特色菜
乾燒裙邊
海南眼鏡螺
脆筍花椒雞
豆湯丸子
香臊菊花鱖魚
青椒遼參

Specialty Meal

解密！招牌菜

■解密01

香臊菊花鱖魚

【原料】

鱖魚1尾（約500克），豬五花肉顆100克，蒜薹粒50克，薑蔥水、郫縣豆瓣、泡椒茸、薑米、蒜米、鹽、料酒、味精、醬油、醋、白糖、鮮湯、太白粉、太白粉水以及沙拉油等各適量。

【製法】

1. 鱖魚宰殺治淨，取下兩扇淨肉，剞菊花花刀成「魚花」，再加薑蔥水、鹽和料酒醃入味。魚頭和魚骨也加薑蔥水、鹽和料酒醃好味。
2. 鍋裡放沙拉油燒至六成熱時，取「魚花」沾上太白粉，抖散後下鍋炸至酥脆定型，撈出瀝乾油後，放盤裡擺好。把魚頭和魚骨也沾上太白粉，入鍋炸至酥脆，倒出來瀝乾油，擺在「魚花」旁邊做盤飾。
3. 鍋裡放少許沙拉油，先放入豬五花肉顆炒至乾香吐油，再下郫縣豆瓣、泡椒茸、薑米、蒜米和蒜薹粒炒香出味，摻鮮湯後，加入鹽、味精、醬油、醋和白糖調好味，淋入太白粉水，勾上薄芡，出鍋舀在「魚花」上面即成。

01

02

03

■解密02

蔥香草菇

【原料】

草菇400克，蔥花30克，鹽、味精、香油、蔥油各適量。

【製法】

1. 草菇清洗乾淨，剖成小塊，再放入清水鍋裡煮至熟透，然後撈入涼開水裡浸冷。
2. 把浸冷的草菇撈出來瀝水，放盆裡，加入鹽、味精、香油和蔥油拌勻後，撒入蔥花和勻，最後裝盤裡即成。

■解密03

農家土鳳爪

【原料】

農家土烏雞腳400克，蔥絲5克，薄荷葉1片，熟芝麻10克，薑、蔥、鹽、料酒、味精、紅油各適量。

【製法】

1. 土烏雞腳放入加有薑蔥、料酒的清水鍋裡煮至剛熟，撈出來沖冷後，剔去骨頭後，放盤裡擺好。
2. 把紅油、鹽、味精和熟芝麻放一起調成紅油味汁，再淋在裝鳳爪的盤裡，最後點綴上蔥絲和薄荷葉即成。

Chengdu RESTAURANT 40.

悟園餐飲會所

讓人可以隨時品嚐傳統川菜精緻滋味的園林

悟園本家菜是張元富先生以全新概念打造的一個品牌，張元富先生用30年的廚齡，復原很多已經被大家淡忘的老成都美食記憶和味覺印象，已經被公認為是傳統川菜廚藝的詮釋者，他提供的傳統川菜正是饕餮們所渴求的美食。

走進悟園，老成都宅院的建築風格與布局就已先帶您體驗別樣的老成都，餐桌上精美的菜品佳肴搭配更讓您完全融入老成都。

主要提供會所般的包廂消費，都需事先訂餐，在這裡只配菜不點菜，訂餐時只須告知預計人均消費是多少，悟園就會為您做最佳安排，加上他們所提倡的是有機、生態、健康的飲食搭配，一般而言都只有滿足可以形容。而像是食客食用到的豬肉、雞肉、蔬菜均來自悟園在雙流永安的生態農場，確保質量與健康。

悟園不但在環境、美食講究，連餐具也極講究，甚至菜單都是用素宣手寫的；部分餐具是用竹子製成的漆器，精緻典雅。這些餐具多是張老闆自行設計開發，他常自嘲是「竹癡」，對竹與竹器有著莫名的迷戀。

在服務方面，悟園提供老四川的待客之道，讓人備感溫馨，像是冬天時一入接待大廳就有著暖呼呼的炭火盆，上面還煨著香氣四溢的紅苕任您食用，加上服務員親切的招呼，讓人有種回家的感覺

悟園是一個讓人可以隨時回味傳統川菜滋味的地方。如果您是美食家，或者單純喜歡健康美食，到了成都絕對不能錯過悟園。

■地址：成都市金牛區花照壁中橫街128號 **■訂餐電話**：028- 87695009 87695007需事先預約，每餐只接待8桌 **■人均消費**：約300元（人民幣），由店家配菜，歡迎愛好者前來 **■網址**：www.cd-wuyuan.com **■消費方式**：會員制消費、現金、銀聯 **■座位數**：各式包廂11間 **■自駕車**：餐館前有充足的停車位 **■好耍提示**：可以喝喝川茶、打打麻將。可為會員安排悟園基地春遊、秋遊，採摘新鮮菜。

Must select
必點！特色菜
油滷串串
小吃雙上（雞絲涼麵和川北涼粉）
七手碟（餐前點心盒）
糖醋排
乾燒岩鯉
苦蕎炒仔雞蛋（時令菜）
小仙點心組合（紅糖發糕、玉米饃、葉兒粑）

Specialty Meal

解密！招牌菜

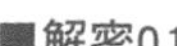

01

■解密01

隔夜雞

【原料】

300日齡的放養原雞雞腿300克（野雞的後裔，不需育苗、抗生素等，具自然野性美味），漢源花椒、自貢井鹽、秘煉紅油、炒香白芝麻、蔥顆適量。

【製法】

1. 取雞腿洗淨，用沸水煮熟後，改刀切成丁。
2. 取調料放入碗中調和，淋入雞丁中並拌勻。
3. 置於冰箱冷藏室放上一晚使其充分入味，第二天即可取出食用。

02

■解密02

茶泡飯

【原料】

米飯300克，油酥干貝絲適量，成都人獨愛的三花茶湯適量，德陽的紅醬油、老豬油、香蔥適量。

【製法】

1. 取煮熟的米飯和醬油、豬油一起拌勻。
2. 食用時將茶湯倒入飯中一起食用，也可一口飯，一口茶，細品人生。

03

■解密03

貝母蒸雪梨

【原料】

青川的貝母10克，黑米50克，圓潤雪梨一顆（約150克），蜂巢蜜、水適量。

【製法】

1. 將雪梨的蒂頭端切削成蓋後去皮，再將梨心掏淨。
2. 鑲入青川貝母、黑米，加入蜂巢蜜後，上籠蒸約35分鐘至熟透即成。

Chengdu RESTAURANT

41.

莊子村川菜酒樓

菜品搭配追求自然和諧，口味清淡濃厚兼宜

誕生於1998年的成都莊子村川菜酒樓，在創始人莊傳躍先生效法莊子的「天人合一」的哲學思想，致力於和諧、養生飲食文化的精耕細作，歷經十餘年堅持服務大眾的信念，對許多食客而言，每次來用餐，隨興換著花樣點菜都能感到滿意，這就是對莊子村最大的鼓勵，也因而成為成都市民的首選餐飲品牌，其理念：「好吃不貴莊子村」更成為成都餐飲市場的口頭禪。

自創店以來，莊子村追求美食的「逍遙」境界，食材調料品質嚴格把關，菜品搭配追求自然和諧，口味濃厚清淡兼宜，營養健康科學全面開發的莊子系列菜、江湖系列菜、綠色環保菜，令人在樂享口福中，更添頤養食趣。就如糯米鴨，一面是黏香的糯米，一面是帶皮的拆骨鴨肉，煎得兩面金黃。一入口，鴨皮香脆、鴨肉滋嫩，金黃的糯米也有了鍋巴的酥香，看似簡單的菜品，卻是色香味俱全。隨菜附上一小碟泡菜，以平衡此菜濃郁的鴨肉風味。有道是「老莊耕讀逍遙游，大道無為莊子村」。

一進門，莊子村的環境在金黃色調中點綴著莊子的經典哲理名言，可以感受到和諧、養生的飲食氣氛，一樓是大廳，二樓是宴會廳與小包廂，三樓就全是大小包廂。菜品口味濃厚清淡兼宜，很合成都人的口味。這裡適合請客、家庭聚會、朋友聚會、甚至隨興來吃頓飯都能讓您覺得巴適（四川方言，指舒適愉快）。

目前，莊子村川菜酒樓在成都市區一共有三家分店，分別是李家坨店、玉雙路店、倪家橋店。

■**地址**：成都市三友路158號 ■**訂餐電話**：028-83331508　83313588 ■**人均消費**：約40元人民幣 ■**消費方式**：現金 ■**座位數**：3000平方公尺左右，大廳約400位，各式包廂10間 ■**自駕車**：有停車場，並可代駕停車 ■**好耍提示**：附設茶樓。

莊子村

Must select
必點！特色菜
花花仙子
石鍋黃喉雞
脆皮糯米鴨
莊子烤魚
風味泡菜
香酥排骨
酒
樓
莊子村

Specialty Meal

解密！招牌菜

■解密01

脆皮糯米鴨

【原料】

精製板鴨1隻（約900克），上等糯米200克，鹽、胡椒粉、雞精、味精、花椒油、香油、沙拉油各適量，糖醋生菜、蝦片各少許。

【製法】

1. 板鴨剔去骨，撕去油筋，在肉面剞花刀。糯米洗淨，入沸水鍋裡汆熟後撈出來瀝水，再加鹽、胡椒粉、雞精、味精、花椒油和香油攪拌均勻。
2. 把板鴨肉面朝上擺放在案板上，鋪上一層調好味的糯米壓實，再入籠蒸20分鐘至熟透取出，然後入五成熱的油鍋裡，炸至鴨皮和外層糯米均酥脆時，撈出來瀝油，最後改刀裝盤，隨糖醋生菜和蝦片一起上桌。

■解密02

玉石牛肉

【原料】

醃好的牛肉片300克，青紅辣椒塊100克，洋蔥塊60克，薑片、蒜片、蔥節、鹽、味精、雞精、辣椒粉、花椒粉、孜然粉、香油、花椒油、自製老油各適量，鵝卵玉石少許。

01

02

03

【製法】

1. 先把牛肉片、青紅辣椒塊、洋蔥塊、薑片、蒜片和蔥節拌勻，再加鹽、味精、雞精、辣椒粉、花椒粉、孜然粉、香油和花椒油醃好味。
2. 然後將自製老油燒熱、鵝卵石烤燙。
3. 上桌時，把熱燙的鵝卵石放入熱油裡，倒入拌好味的牛肉片，在顧客的前用木勺炒散，最後加蓋燜一會兒便好。

■解密03

黑筍脆肚花

【原料】

發好的脆肚400克，發好的黑筍節100克，乾辣椒節20克，花椒5克，青椒節50克，薑片、蒜片、蔥節、料酒、鹽、雞精、蠔油、太白粉水、鮮湯、花椒油、香油、自製老油各適量。

【製法】

1. 脆肚入沸水鍋裡汆一水後撈出來瀝水，黑筍漂去異味後，入熱油鍋裡炸至緊皮便撈出瀝油。
2. 淨鍋入油燒熱，投入乾辣椒節、花椒、青椒節、薑片、蒜片和蔥節熗炒出味。
3. 下脆肚和黑筍略炒，烹入料酒、掺少量鮮湯，調入鹽、雞精和蠔油炒入味。
4. 用太白粉水勾芡收汁，淋花椒油、香油和自製老油，起鍋裝盤即成。

Chengdu RESTAURANT 42.

六月雪川菜館

品江湖的獷味，家常的川味

江湖菜在川菜體系中一直扮演著創新的角色，因為沒有條條框框的限制，只有食客買不買單的問題，所以烹調技藝大開大合，調味手法粗獷，對愛嚐鮮的四川人來說始終有一定的吸引力。而江湖菜的市場以重慶最盛，再往外擴散，成都多扮演精緻化為高檔菜品的角色。

六月雪川菜館位於一環路北二段的大馬路邊上，相當好找。經營傳統川菜和特色土雞為主，如香菇燜雞、蔥香魚片、金雞報喜，在分類上算是江湖菜館，這在成都是相對少有的。用餐空間雖沒有太多的裝飾，但寬敞素雅而舒適，是一個可以輕鬆享用餐點的好地方，更適合三五好友放情把酒言歡。

菜品的口味相對而言以濃厚主調，輔以真材實料與真功夫，讓大眾食客們用實惠輕鬆的價格就能獲得優質的菜品享受和服務，生意始終紅火。

Must select

必點！特色菜

金雞報喜

燒椒茄子

拌土雞

蘿蔔牛腩

■地址：成都市一環路北二段6-9號 ■訂餐電話：028-83189933 ■人均消費：約30元人民幣 ■消費方式：現金 ■座位數：約120位 ■自駕車：餐館後面可停車 ■好耍提示：餐廳樓上有上百平方公尺的休閒茶樓，有機麻。距文殊坊只有10分鐘左右的腳程。

Specialty Meal
火爆！招牌菜

■解密01

香菇焖雞

【原料】

土雞400克，乾香菇30克，紅薯寬粉50克，青紅甜椒塊50克，薑片、蔥節、料酒、鹽、味精、香料、秘製醬料、沙拉油各適量。

【製法】

1. 土雞斬成塊，加薑片、料酒、香料、秘製醬料和適量的清水，入高壓鍋裡壓熟。
2. 乾香菇泡漲，再放沸水鍋裡加薑片、蔥節和鹽煨約20分鐘，然後下熱油鍋裡炸至乾香。紅薯寬粉用溫水泡漲後待用。
3. 鍋入油燒熱，投入薑片和蔥節爆香，倒入壓好的雞塊，下香菇、紅薯寬粉和青紅辣椒塊，調入鹽和味精，燒至汁將乾時，起鍋裝盤即成。

01

02

■解密02

蔥香魚片

【原料】

草魚1條（約700克），黃豆芽200克，小蔥花150克，雞蛋清1個，薑米、蒜米、野山椒、黃燈籠辣椒醬、料酒、鹽、胡椒粉、味精、太白粉、沙拉油各適量。

【製法】

1. 草魚宰殺治淨，取兩扇淨魚肉片成片，用雞蛋清、料酒、鹽和太白粉碼味上漿。
2. 鍋入油燒熱，下薑米、蒜米、野山椒和黃燈籠辣椒醬炒香，再摻適量清水和野山椒水燒沸，小火熬出味後，調入鹽、胡椒粉和味精，接著下黃豆芽煮熟並撈入盆中墊底。
3. 下碼好味的魚片滑熟，並連湯汁一起倒入盆內，然後撒上小蔥花，淋熱油熗出香味即可。

Travel INFO

好耍旅遊資訊

一環路至三環路之間

城東區

01

02

05

01 塔子山公園

地址：成都市錦江區迎暉路222號
電話：028-84743878
必遊指數：★★　體驗指數：◎
休閒指數：☆☆☆

02 新華公園/遊樂城

地址：成都市成華區雙林路87號
電話：028-84311643
必遊指數：★　體驗指數：◎◎◎
休閒指數：☆☆☆

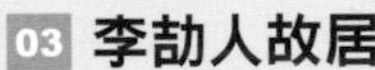

03 李劼人故居

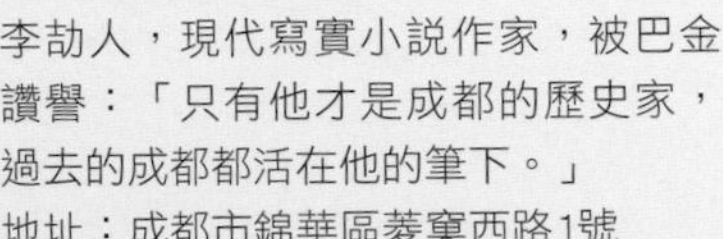

李劼人，現代寫實小説作家，被巴金讚譽：「只有他才是成都的歷史家，過去的成都都活在他的筆下。」
地址：成都市錦華區菱窠西路1號
電話：028-84474812
必遊指數：★　體驗指數：◎◎
休閒指數：☆

04 萬達廣場

地址：成都市錦江區二環路東五段和錦華路交會口
必遊指數：★　體驗指數：◎
休閒指數：☆☆☆

05 東湖公園

地址：成都市二環路東五段府河橋頭
必遊指數：★　體驗指數：◎
休閒指數：☆☆☆

城西區

06

06 杜甫草堂

地址：成都市青羊區草堂路28號/青華路38號（双入口）
電話：028-87319258
必遊指數：★★★
體驗指數：◎◎
休閒指數：☆☆☆

07 金沙遺址博物館

地址：成都市金沙遺址路2號
電話：028-87303522
必遊指數：★★★
體驗指數：◎◎◎
休閒指數：☆☆

08 浣花公園

地址：成都市少城路12號
電話：028-86158033
必遊指數：★
體驗指數：◎◎
休閒指數：☆☆

07

09

城南區

09 望江樓公園
地址：成都市望江路 30 號
電話：028 - 85223389
必遊指數：★★　體驗指數：◎◎
休閒指數：☆☆☆

10 老成都民俗公園
地址：成都市人民南路四段和三環路交會口的人南立交橋下
必遊指數：★　體驗指數：◎
休閒指數：☆☆☆

11 神仙樹公園
地址：沿成都市神仙樹南、北路
必遊指數：★　體驗指數：◎
休閒指數：☆☆☆

12 高新體育公園
地址：成都市神仙樹南路和機場路交會口
必遊指數：★　體驗指數：◎
休閒指數：☆☆☆

13 成都數碼廣場
地址：集中於成都市一環路南二段的區間
必遊指數：★　體驗指數：◎
休閒指數：☆☆☆

14 宜家家居
地址：成都市高新區益州大道北段
電話：400-800-2345
必遊指數：★　體驗指數：◎◎
休閒指數：☆☆

城北區

15 昭覺寺
地址：成都市成華區昭青路333號
電話：028-83529523
必遊指數：★★　體驗指數：◎◎◎
休閒指數：☆☆☆

16 華僑城公園廣場/歡樂谷主題公園
地址：成都市金牛區西華大道16號，北三環交大立交橋旁
電話：028-61898116 028-61898118
必遊指數：★　體驗指數：◎◎
休閒指數：☆☆☆

17 成都動物園
地址：四川省成都市昭覺寺南路234號
電話：028-83516953　028-83572831
必遊指數：★　體驗指數：◎◎
休閒指數：☆☆☆

18 成都市青少年科技園
地址：成都市九里堤星科北街
必遊指數：★　體驗指數：◎
休閒指數：☆☆☆

19 成都荷花池批發市場
西部最大的服裝、飾品、化妝品、百貨小商品等商品的批發集散地。
地址：位於人民北路兩側近二環路北的區域，近成都火車北站。
必遊指數：★　體驗指數：◎◎◎
休閒指數：☆

20 成都市五塊石海椒市場暨綜合批發市場
成都市辣椒、花椒及各式香辛料的主要批發集散地。
地址：成都市金牛區賽雲台東一路2號及其周邊（商貿大道口）
必遊指數：★　體驗指數：◎◎◎
休閒指數：☆

21 二仙橋陶玻酒店用品市場
地址：成都市成華區建設北路三段1號（二仙橋）及其周邊
必遊指數：★　體驗指數：◎◎◎
休閒指數：☆

15

17

18

20

Chengdu
RESTAURANT

火爆餐館

成都

郊區

Chengdu
RESTAURANT
43.

〔崇州〕

明軒食府

美食、休閒、養生的桃花源

明軒食府位於崇州市八仙廣場的正對面，但從外觀您很難一眼認出這一家高端的酒樓，幽靜的江南式風情，讓人以為是名門大宅院。

環境的第一印象就與眾不同，進到裡頭，以蘇州園林為藍圖的石山綠水景像就展現在您的眼前。一個穿門、一個轉角就是一道風景，食府的雅致包廂，就圍繞著石山綠水環席而設，還有亭臺榭閣、池邊垂柳讓人彷佛置身於桃花源。

桃花源！酒樓創辦人就是要為食客大眾打造一個現代的美食、休閒、養生的桃花源，也是創辦人建立中醫藥國際養生休閒旅遊園區的第一步。因此他刻意選在安靜悠閒的成都市郊構築這江南園林式食府，讓老饕們可以先在美食、心靈上得到滿足。

明軒食府在美食菜肴方面用盡心思，從黃帝內經的傳統養生方到現代營養保健學一一梳理，再結合川菜廚藝與現代擺盤，端出來的每一道料理都可謂首屈一指，兼具色、香、味、養生，道道都可說是精品川菜。休閒方面，庭園寬廣安靜、造景極具巧思，餐前餐後漫步其中實在是一大樂事，同時內設茶坊、機麻。

養生度假部分已積極建設中，即將在占地200餘畝的基地上健構規劃休閒廣場、茶道館、咖啡廳、四星級度假酒店、中醫藥養生館、中醫藥減肥中心、醫療休閒中心、SPA按摩房、太極氣功教練場、中醫浴泉、健身房等。讓您來此就能享受美食、休閒、度假、養生的一站式服務。

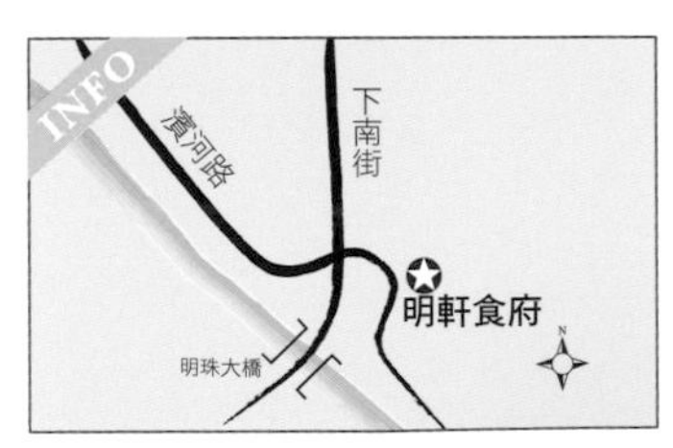

■**地址**：成都・崇州市濱河路189號 ■**訂餐電話**：028-82386333 ■**人均消費**：約300元人民幣 ■**消費方式**：現金、銀聯、VISA ■**座位數**：大廳約80位，各式包間8間 ■**自駕車**：周邊腹地寬廣，停車非常方便。 ■**好耍提示**：自有茶坊、機麻。

Must select
必點！特色菜
香油蟲草花
蛋黃兔捲
龍井蝦仁
澳洲牛菲力

■解密01

相思眼睛螺

【原料】

眼睛螺200克，蔥段5克，薑片5克，料酒10毫升，美極鮮、鮮露、辣鮮露、蔬菜水、小米辣椒各適量。

【製法】

1. 鍋入清水燒開，放入蔥段、薑和料酒，再把眼睛螺放進去煮熟，撈出來後待用。
2. 取料酒、美極鮮、鮮露、辣鮮露、蔬菜水、小米辣椒等調成汁水，然後把眼睛螺放進去浸泡4小時，即可撈出來裝盤。

■解密02

澳洲牛菲力

【原料】

菲力牛肉150克，杏鮑菇100克，鹽、味精、燒汁、美極醬油、特製滷水、沙拉油、芥末油各適量。

【製法】

1. 把菲力牛肉放入滷水鍋裡滷熟，撈出來後切成丁。
2. 把杏鮑菇切成丁後，放入熱油鍋裡炸至金黃，撈出來控油後待用。
3. 鍋內留底油，下菲力牛肉丁、炸好的杏鮑菇加燒汁、美極醬油等炒勻，起鍋前淋少許芥末油翻勻，裝盤即成。

01

02

03

■解密03

酒香黃燜雞

【原料】

土公雞翅150克，土公雞腿肉150克，水發金錢菇50克，青筍200克，鹽、味精、雞油、薑片、蔥段、鮮湯、白酒、沙拉油各適量。

【製法】

1. 把土公雞的雞翅和雞腿剁成菱形塊。另把水發金錢菇放入熱油鍋裡炸乾水分。再把青筍放入鮮湯鍋裡煮入味，備用。
2. 鍋下雞油燒熱，先把薑片和蔥段爆香，再把雞翅和雞腿放進去炒至緊皮。
3. 倒入鮮湯調並下鹽、味精等調味，轉小火慢煮，等湯汁收至將乾時，再把金錢菇和青筍放進去，炒至湯水收乾時，烹入白酒翻勻，即可起鍋裝入砂煲裡。

■市中心區 ■城東區 ■城西區 ■城南區 ■城北區 ■郊區

（崇州）

名人凱宴酒樓

高品質、高品位、服務大眾

名人凱宴酒樓設於崇州市唯一一家集餐飲、住宿、會議、娛樂、休閒為一體的三星級涉外旅遊酒店——崇州大酒店。酒店設計新穎，建築華麗，功能齊全，設備先進，周邊還有著名的風景區如九龍溝風景區、雞冠山森林公園、白塔湖及清・康熙皇帝賜書「光嚴禪院」的鳳棲山古寺等，是遊客到崇洲享受美食、住宿、旅遊、購物、娛樂一條龍服務的理想場所。

酒店一樓開設的茶吧寬敞明亮、環境優雅，位於酒店二樓的名人凱宴酒樓設施齊全，裝修豪華、典雅，融合現代與時尚的設計風格為一體。酒樓經營面積1800多平方公尺，除了各式中高檔包廂，豪華包廂內更設有機麻。還有可容納400餘人就餐的大型宴會廳，適合商務宴請、團拜宴、婚壽宴、滿月酒、家庭聚餐、朋友聚會等，三樓則有棋牌機麻室，幫您解飢解饞之餘還解無聊。

酒樓主要經營特色的主流川菜、精品粵菜，燕、鮑、翅等高端菜品。「高品質、高品位、服務大眾」是酒樓的經營宗旨。每年地方上定期舉辦的文化活動，如「崇州金雞風箏節」、「中國（道明）竹編文化節」、「中國西部孔子文化節」等均吸引許多外來遊客，花好時節不如前來親身體驗。

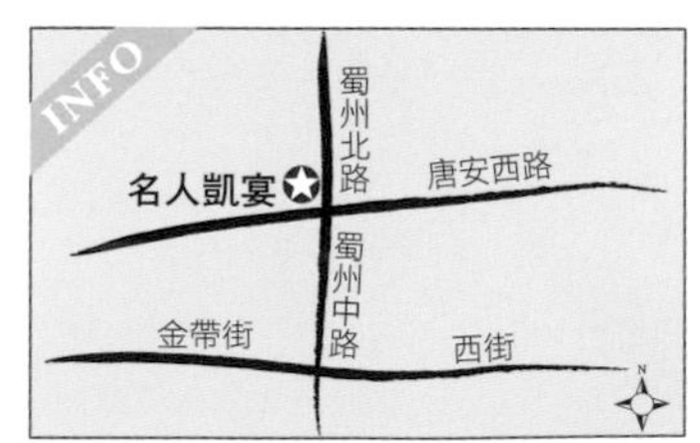

■**地址**：崇州市蜀州北路1號 ■**訂餐電話**：028-82278822　82278899 ■**人均消費**：約50元人民幣 ■**消費方式**：現金、銀聯 ■**座位數**：大廳約400位，各式包間14間 ■**自駕車**：自設停車場，很便利 ■**好耍提示**：自有茶坊、機麻，白塔湖、鳳棲山古寺等。

Must select
必點！特色菜
組合養生豆
糖醋排骨
燒椒蟶子皇
燴焗焗多寶魚
石燒老豆腐

Specialty Meal

解密！招牌菜

■解密01

功夫鮑魚

【原料】

鮑魚仔8個，豬肉茸200克，芽菜50克，雞蛋300克，海鮮醬、排骨醬各10克，老抽醬油、扣肉汁各10毫升，蔥花10克，鹽、味精、雞精、沙拉油各適量。

【製法】

1. 把雞蛋磕入小盆內攪散後，加鹽、味精、雞精和適量的清水調勻，再分裝在8個小砂盅內，入籠蒸熟了即成水蛋，待用。
2. 炒鍋放少許的沙拉油燒熱，下豬肉茸、海鮮醬、排骨醬、扣肉汁、芽菜等炒至乾香時，盛出來即成臊子。
3. 將鮑魚仔取下來逐個剞上十字花刀，再將其放入開水鍋裡汆水，撈出來後抹上老抽醬油上色，隨後逐一放入燒至五六成熱的油鍋裡浸炸至熟透。
4. 把炸熟的鮑魚放進盛有水蛋的小砂盅內，另外放上先前炒好的臊子，最後撒些蔥花便可上桌。

01

02

03

■解密02

豆芽炒海參皮

【原料】

水發海參皮100克，豆芽250克，小米辣椒5克，薑片、蒜片、小蔥節各5克，鮮露20毫升，辣鮮露10毫升，美極鮮5毫升，雞精、味精、白糖、太白粉水、香油各少許，化豬油10毫升。

【製法】

1. 取發好的海參皮和豆芽，一併放入開水鍋裡焯水後，撈出來瀝水待用。另取鮮露、辣鮮露、美極鮮、雞精、味精和白糖調成味汁。
2. 炒鍋裡下化豬油燒熱，先下小米辣椒、薑片、蒜片和小蔥節炒香，再把豆芽和海參皮放進去翻炒勻，稍後烹入先前調好的味汁，炒至主料入味時，淋入太白粉水勾芡，出鍋前淋入香油並推勻即成。

■解密03

川北黑涼粉

【原料】

黑涼粉250克，老干媽辣醬10克，雞粉、味精、白糖、鹽、花椒粉各5克，花椒油5毫升，香油、紅油、醋各10毫升。

【製法】

1. 把黑涼粉切成四方丁，然後裝入小碗內。
2. 將剩餘的原料放一起並調成醬汁，上桌後便澆在涼粉上即成。

Chengdu RESTAURANT 45.

〔龍泉驛〕

栗香居板栗雞

顧客的口碑是最好的廣告

成都是一座休閒的城市，來到成都市西南的龍泉驛區，在賞龍泉四季花景、休閒娛樂的同時，可千萬別忘了前來這家既美味又養生的餐廳享受一番口福，這家店就是栗香居板栗雞。

秘製板栗養生雞是該店的主打產品，受到了很多食客的青睞，這主要在於它的營養、滋補和美味。眾所周知，板栗據《本草綱目》記載：「栗治腎虛，腿腳無力，能通腎氣、厚腸胃。」以現代營養學來看也含有多種營養元素。這家店正是採用原生態板栗，配以跑山雞的原汁原味，烹製出了一道美味與健康同在的特色佳肴，湯色金黃透白，湯味濃厚，清淡滋補。

此外，該店大廳的一側還有一排現場堂烹的場景，可以煎製各類餅如煎紫薯餅、玉米餅、時蔬鍋攤等，食客可以現點現做，現場觀賞也是一種視覺享受。

正是因為菜品健康美味，所以這家店一到了晚上，大廳裡總是爆滿，以至於後來者要

Must select 必點！特色菜

紫薯餅

風味雞蛋乾

香菜蘿蔔絲

饞嘴雞片

等位。鄒老闆說，這還得益於他們店的大眾化定位——物美價廉，所以才博得了各個經濟層次食客的歡迎。

儘管生意這麼好，服務態度好、服務到家、富有人情味的感受，是眾多食客一致認可的。如方圓十公里內電話訂餐的顧客，他們有代客送餐的服務，用車將烹煮好的美味佳餚送上門，以服務不方便到店裡來吃的顧客，有時候鄒總自己也會親自外送，服務老主顧。

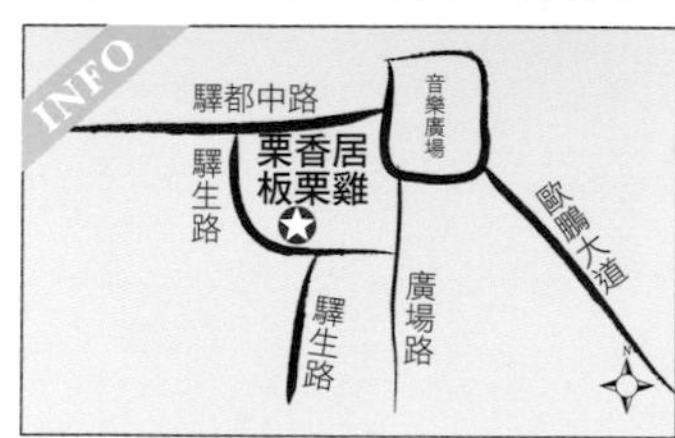

■**地址**：成都市龍泉驛區驛生路45號（音樂廣場旁．龍泉印象） ■**訂餐電話**：028—88457978 ■**人均消費**：約40元人民幣 ■**消費方式**：現金 ■**座位數**：大廳約200位，各式包廂6間 ■**自駕車**：街邊可臨時停車 ■**好耍提示**：餐館附近有茶坊、機麻、浴足、棋牌等、龍泉音樂廣場，桃花溝等旅遊景區。每年三、四月有桃花節，適合踏青賞花。

Specialty Meal
火爆！招牌菜

■解密01

栗香居板栗養生雞

【原料】

跑山雞（1隻）約3000克，板栗（去皮）500克，鹽、味精、雞精、薑片各適量。

【製法】

1. 將雞治淨並斬塊，入沸水鍋汆水後撈出來，和板栗一起放入高壓鍋裡，加適量水。
2. 調入鹽、味精、雞精、薑片，用高壓鍋壓煮約10分鐘，關火起鍋盛入盆中，端上桌點火燒沸後便可食用。

■解密02

乾拌金錢肚

【原料】

牛肚250克，辣椒粉、花椒粉、鹽、味精、香菜各適量。

【製法】

1. 牛肚在沸水鍋裡煮熟後，撈出來切片。
2. 納盆加入辣椒粉、花椒粉、鹽、味精、香菜等拌勻，裝盤後便可上桌。

01

成都
郊區
Chengdu
RESTAURANT
46.

〔華陽〕

川粵成精品菜館

川粵菜品精華，饗巴蜀百姓人家

川粵成這家菜館的取名，說來還有一段故事，店裡的牌匾上有記載：西蜀、南粵皆有名廚曰陳實者，緣由《東方美食》雜誌，舉辦大廚擂臺，川粵陳實不期而遇，因同名同姓，同為人師，同侍廚事，同為地方廚界名流，二人此番相逢遂成烹壇佳話。川陳實在成都華陽開酒樓，為紀念此段巧緣，取名川粵成，一取陳成之諧音，二名集川粵之大成。

該店面朝府河，裝修簡潔但不失厚重，其店招以「精品菜館」自居，哪怕是家常小炒、民間土菜也做得一絲不苟。比如店裡的一道「精品豆花」，不僅自泡黃豆、自磨豆漿再點製成豆花，而在上桌時還與豆漿同煮上桌，並配上店家的秘製麻辣蘸碟，自然是好吃得不得了。這種以豆漿煮豆花的菜品形式，在蓉城的菜館裡極為少見，因此帶給食客的感覺也很特別。

此外，店裡還有一道桃木烤鴨相當值得推薦，此菜取川西壩子農家散養的稻田肥鴨為主料，經宰殺、醃味、風乾等多道加工工序後，再用桃木為燃料慢慢烤炙，烤出來的成品色澤金黃，香鮮獨特。因每天點食者眾，而成了店裡的一道招牌菜。

取川粵菜品精華，饗巴蜀百姓人家。服務從細微入手，品質以新鮮取勝，這就是川粵成的成功之道。

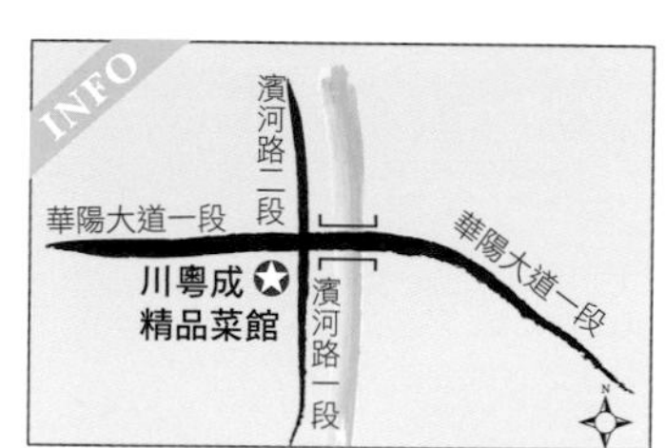

■**地址**：成都市雙流縣華楊鎮濱河路一段225號（ 雙華橋頭府河菁華1樓） ■**訂餐電話**：028-85766698 ■**人均消費**：60元人民幣起 ■**座位數**：大廳約180位，各式包廂9間 ■**自駕車**：餐館前有停車位提供顧客停車。 ■**好耍提示**：該店地處華陽美食一條街，均有不少茶樓和浴足店，另該店離川西名鎮——黃龍溪古鎮約20分鐘車程。

Must select
必點！特色菜
石鍋茶樹菇
一品蛋酥
西冷牛仔骨
藤椒雞
西湖龍井鮮鮑
雪域蜂精
絕味三角蜂
琥珀桃香柳

Specialty Meal

解密！招牌菜

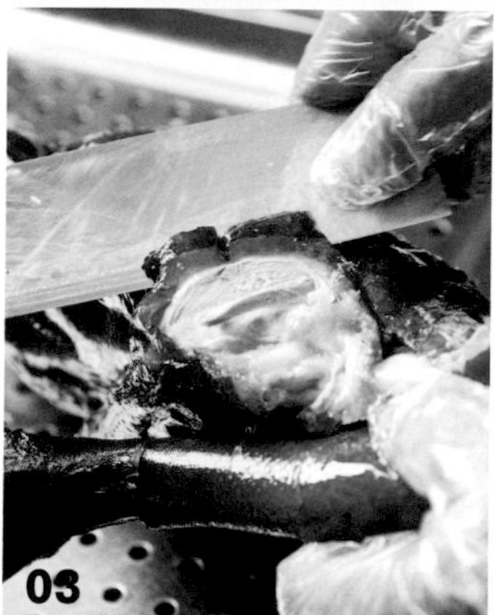

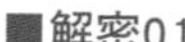

■解密01

青瓜鮮螺

【原料】

花螺500克，青瓜200克，酸辣味碟1個，黑芝麻以及蜜餞分別少許。

【製法】

1. 青瓜切皮，用鹽醃味後去汁，然後放在盤中墊底。
2. 花螺治淨，取淨肉改刀成片，再入沸水鍋裡汆一水撈出，漂涼後撈出擺在盤中青瓜片上。
3. 點綴黑芝麻和蜜餞，配酸辣味碟上桌即成。

■解密02

精品豆花

【原料】

自製豆花500克，自磨豆漿500克，麻辣豆花蘸碟2個。

【製法】

1. 把豆漿入鍋燒開，下入豆花塊，煮開後盛入鍋內。
2. 配麻辣蘸碟上桌，並放在酒精爐上保溫煮食。

■解密03

桃木烤鴨

【原料】

肥鴨1隻，脆皮水、春捲皮、大蔥絲、黃瓜段以及甜麵醬等各適量。

【製法】

1. 肥鴨治淨，打氣後刷上脆皮水，再晾至表皮水分乾。
2. 將風乾的肥鴨送入用桃木為炭火的烤鴨爐內烤熟。
3. 取出後趁熱片下鴨皮，配春捲皮、大蔥絲、黃瓜段和甜麵醬上桌卷食。

Chengdu RESTAURANT 47.

〔華陽〕

渠江漁港

融入感情的烹飪，才會有滋有味

「用心做出的菜品，才能稱得上是美肴，只有融入感情的烹飪，才會有滋有味」。翻開渠江漁港的菜譜看到這段話，心裡竟生出了一絲絲暖意。

渠江漁港是一家以售賣河鮮為主的川菜館，它裝修時尚，目前除了成都地區外，還在其他地市州開有兩家分店。在這裡料理河鮮的主廚，是被譽為蓉城河鮮王的朱建忠，他烹製河鮮的手法別具一格，調味變化多端，常常能給食客帶來不少驚喜和歡樂。比如前段時間開始在渠江漁港推出的這道新菜「芝麻鮰魚鰾」，就在坊間廣為流傳。

新鮮魚鰾，是一種給力的食材，也是一種讓廚師糾結的食材，因為要烹出這麼一缽魚鰾菜來，得殺多少條魚才能湊夠一盤！不過據主廚朱建忠說，由於平時生意好，每天宰殺的魚夠多，把這些魚鰾收集起來，才可以每天限量推出這道菜，以水煮方法調製並輔以大量的熟芝麻，成菜芳香滋糯。因此，若想一親此菜的芳澤建議提前預約。

初嘗這道菜，從視覺上就為之一震。紅豔豔的煳辣椒和密麻麻的芝麻下，掩蓋著誘人的魚鰾，幾許綠綠的蔥花給菜增添了一絲生機。那琥珀色的麻辣紅湯散發出誘人的暗香，讓您的嗅覺也得到了極大的滿足。鮰魚鰾質厚、口感軟糯且有些許嚼勁，打底的水煮料中竟有四川泡青菜，那絲絲乳酸香與麻、辣、香、鮮和諧相處五味調和，還有什麼魚肴能讓人如此心動呢！

■**地址**：成都市双流縣華陽鎮伏龍大橋嘎納印象旁 ■**訂餐電話**：028-81506133 81506222 ■**人均消費**：約150元人民幣 ■**座位數**：大廳約120位，各式包廂13間 ■**自駕車**：餐館周邊有大量公共停車位可供顧客停車。 ■**好耍提示**：該店地處嘎納灣商業娛樂廣場、華陽美食一條街，範圍內均有不少茶樓和浴足店，另該店離川西名鎮——黃龍溪古鎮約20分鐘車程。

渠江漁港

Must select
必點！特色菜
前程土雞腳
日式金沙湯圓
爽口黃瓜皮
仔薑岩鯉
豉椒蒸黃沙魚

■解密01

酸菜紅味青波

【原料】

青波魚800克，泡酸菜90克，泡椒米50克，泡薑末35克，薑、蒜片各10克，野山椒60克，香芹節20克，食鹽3克，味精3克，雞精5克，料酒25克，太白粉35克，白糖2克，陳醋30克，醪糟10克，沙拉油75克，野山椒水35克。

【製法】

1. 將青波魚宰殺治淨，把魚頭、魚骨和魚尾斬成大件，魚肉則片成薄片，納碗加食鹽、料酒、太白粉碼拌入味備用。
2. 鍋放油燒至五成熱，下泡酸菜、泡椒末、泡薑末、薑蒜片、野山椒炒香出色後，摻湯燒沸轉小火，下魚頭、魚骨和魚尾煮至斷生，接著用食鹽、味精、雞精、白糖、陳醋、醪糟、山椒水調味，再將魚肉片逐一入鍋煮至熟透，下香蔥、香芹片攪勻出鍋裝盤成菜。

■解密02

酥炸小魚

【原料】

貓貓魚300克，生薑50克，大蔥75克，脆炸粉50克，食鹽3克，味精3克，沙拉油1000克（耗約50克）。

【製法】

1. 將貓貓魚去鱗及內臟，治淨後納碗加料酒、生薑、大蔥、食鹽拌勻碼味，約須2小時。
2. 取出貓貓魚搌開水分，撒入脆炸粉、太白粉拌勻，然後入五成熱的油鍋小火慢炸至貓貓魚熟透至酥脆透骨，出鍋瀝油。
3. 將炸好的貓貓魚裝盤後，配上乾辣椒粉、花椒粉、食鹽、味精調好的味碟成菜。

01

02

03

■解密03

芝麻鮰魚鰾

【原料】

新鮮鮰魚鰾（也可改用鯰魚肚）350克，泡椒末50克，泡薑末40克，薑、蒜片各15克，泡青菜100克，香蔥花20克，乾辣椒節20克，乾花椒5克，白芝麻35克，小木耳30克，青筍片30克，鹽、味精、雞精、白糖、陳醋、料酒、香油、沙拉油各適量。

【製法】

1. 鮰魚鰾治淨，改刀成小塊。小木耳、青筍片入加有油鹽的沸水鍋裡汆一水撈出。
2. 鍋放油燒至五成熱，下泡椒末、泡薑末、泡青菜、薑蒜片入鍋炒香，摻湯燒沸熬煮5分鐘，濾去料渣留湯汁。
3. 轉小火後下魚鰾燒約10分鐘，至魚鰾熟透，然後用鹽、味精、雞精、白糖、陳醋和香油調味，出鍋盛在墊有汆過的小木耳和青筍片的窩盤中。
4. 另鍋放油燒至四成熱，下乾辣椒節、乾青花椒和白芝麻炒香，出鍋淋在盤中魚鰾上，最後撒上蔥花即成。

西蜀人家〔華陽〕

美食、養生、休閒、度假，盡在西蜀人家

養生美食是時下餐飲界的一個熱門話題，而怎樣把菜做得味美且更有益於人體的健康，也是各家餐館當前都在努力的方向。傳統的中醫理論講究食材的性味歸經，而早在兩千多年前的《黃帝內經》當中，就提到過飲食與養生的關係——五穀為養、五果為助、五畜為益、五菜為充……。

西蜀人家是成都的一家比較高端的度假休閒型餐飲企業，這裡的菜品在堅持走鄉村特色菜肴的經營思路下，還大量選擇一些既可食用又可藥用的食材，從而烹製出了一道道既養眼又養生的菜品，如醒腦川芎羹、碧綠川芎、靈芝煲玉兔、川貝紫薯鮑、橄欖油炒羊肚菌、蜜棗燒肉、銀杏燜金瓜等都極具代表性。其中運用新鮮川芎烹製的菜肴，帶有一股獨特天然的清香，那味兒讓人印象深刻。

西蜀人家在環境上也極富特色，整個園區內亭臺樓閣，廊腰縵回，古木參天，綠林成蔭，鳥語花香，融川西民居風情和江南園林為一體。用餐空間不只大廳和一般的包廂，還有院落式的獨立用餐空間，適合家庭、好友聚會，同時享受家的舒適感與酒樓的精緻美食與服務。

此外店內擁有豐富的收藏品和名家字畫，是西南地區少有的既能觀賞、又能休閒；既能感受地域文化、又能體驗農家習俗的處所，能讓您在暫離城市喧囂的同時，又能感受到家的溫馨。若您想要來一段愜意的假期，西蜀人家也提供酒店住宿。

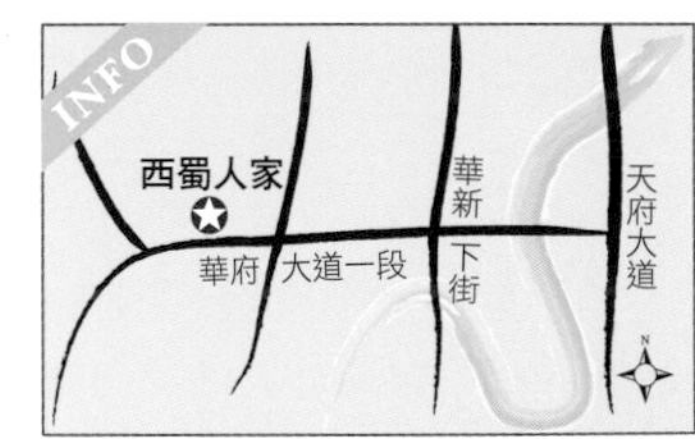

■**地址**：成都市双流縣華陽鎮華府大道二段158號 ■**訂餐電話**：028-85321777 85324777 ■**人均消費**：50～200元人民幣 ■**網址**：www.xishurenjia.cn ■**座位數**：大廳約1000位，各式包廂30多間，院落式美食會所8個 ■**自駕車**：園區內設停車場可供顧客停車 ■**好耍提示**：該店內設茶樓、休閒庭園，離川西名鎮——黃龍溪古鎮約20分鐘車程。

YSRJ

Must select
必點！特色菜
碧綠涼拌川芎
蜜棗燒肉
時蔬人參扣廣肚
玉竹脆耳
銀杏燜金瓜
玉竹脆耳

Specialty Meal

解密！招牌菜

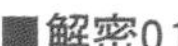

■解密01

醒腦川芎羹

【原料】

川芎嫩芽100克，雞蛋清2個，高湯500毫升，太白粉水20克，鹽3克，雞油3克。

【製法】

1. 將川芎嫩芽洗淨並切碎，雞蛋清攪打散待用。
2. 鍋內摻高湯燒開，放鹽調好味並下太白粉水勾薄芡，倒入雞蛋清後再下川芎碎推勻，最後淋入雞油推勻裝碗成菜。

■解密02

靈芝煲玉兔

【原料】

兔柳250克，乾靈芝15克，薑片、蔥節、青紅辣椒丁5克，雞蛋清1個，鹽、料酒各3克，鮮湯30毫升，太白粉水10克，淘米水、沙拉油各適量。

【製法】

1. 將乾靈芝切成片，納碗加淘米水潤透並封上碗口，上籠蒸10分鐘取出來。
2. 把兔柳剞十字花刀，切成6公分長、3公分寬的條，納盆加鹽、料酒、薑片、蔥節和蒸好的靈芝片一起碼味5分鐘，等揀出靈芝片和薑蔥後，再碼上蛋清豆粉。
3. 鍋內放油燒至三成熱時，下兔柳條滑散後倒出來濾油。
4. 鍋留底油，下青紅辣椒丁、靈芝片稍炒一下便加鮮湯燒開，調好味後收汁，然後倒入兔肉炒勻，起鍋裝入燒燙的砂鍋內即成。

■解密03

川貝紫薯鮑

【原料】

發好的鮑魚1頭，川貝母5克，紫薯50克，菜膽10克，鹽2克，上湯80毫升，鮑汁5毫升，太白粉水10克。

【製法】

1. 川貝母用清水洗淨，放土碗內加50毫升清水，封上保鮮膜入籠蒸1小時取出，然後放入漲發好的鮑魚密封再上籠蒸半小時。
2. 把紫薯切成橄欖形塊，入籠蒸熟後取出；菜膽入鍋汆一水，均待用。
3. 把鮑魚、川貝母裝入盅內，拼上菜膽和紫薯塊，隨後將蒸鮑魚的原汁、鮑汁和上湯盛鍋內燒開，下調料調好味再勾薄芡，起鍋澆在盅內鮑魚上即成。

01

02

03

成都 郊區

Chengdu RESTAURANT

49.

〔華陽〕

南草坪川桂軒

成都十佳特色餐飲，吃玩有口皆碑

川桂軒酒樓位於成都市南沿線上，由南草坪園林休閒有限責任公司投資、精心打造的一個綜合型高檔次酒樓旗艦店。酒樓的營業空間共有四層樓，總面積達4000多平方公尺，一樓為大廳和室外露天卡座，室外露天卡座是酒樓的一大亮點，西式休閒庭園的風情，加上寬闊的造景水池，不論白天或晚上氣氛都極佳，令許多來客流連忘返。

二樓為包廂；三四樓為茶房包廂和大廳。全店可同時容納500人用餐。設有地面和地下停車場，對當今開車出遊的人來說十分方便。店內裝飾走豪華典雅的風格，熱情周到的服務讓客人賓至如歸。餐點菜品方面主要經營精品川菜、經典湘菜、譚家鮑翅、新派粵菜加上特色河鮮為一體的融合性餐飲服務。川桂軒酒樓秉承選料天然環保、有機營養均衡的理念為廣大消費者提供健康優質的菜品，開業至今深受顧客所喜愛。

南草坪川桂軒酒樓在2002年被消費者協會譽為「無消費者投訴單位」，並被有關部門和各主流煤體評為「四川省十佳生態休閒場所」。 2004年度榮登成都魅力總評榜，被評為「吃在成都50家之一」、「玩在成都50家之一」等榮譽，2007年更是與大蓉和等十家餐飲企業被評為「成都十佳特色餐飲」。

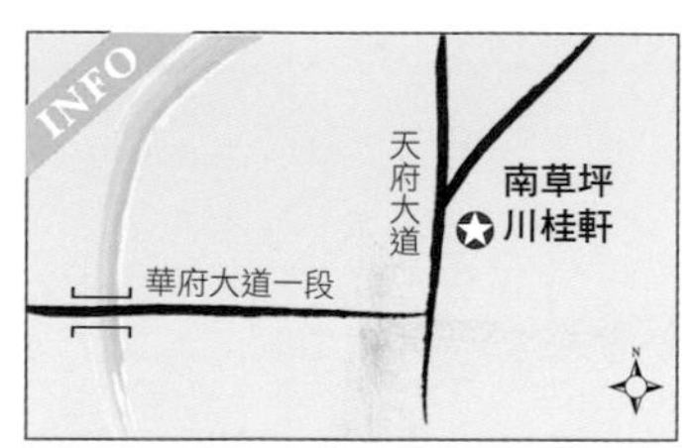

■**地址**：成都市南延線9公里處華陽遠大都市風景荷蘭水街1號樓 ■**訂餐電話**：028-67028888　67012566 ■**人均消費**：約150元人民幣 ■**消費方式**：現金、刷卡均可 ■**座位數**：大廳約100位，各式包廂20間 ■**自駕車**：有停車位260位 ■**好耍提示**：附設茶坊、棋牌，鄰近成都極地海洋世界、嘎納灣商業娛樂廣場。

Must select
必點！特色菜
奇香牛柳
青椒肉碎海參
圍蝦粉絲煲
潮州米卷

Specialty Meal
解密！招牌菜

■解密01
乾鍋黃肝菌

【原料】

黃牛肝菌300克，豬五花肉100克，蒜苗節50克，乾蔥頭片20克，鮮小米辣椒圈10克，乾辣椒圈5克，鹽、料酒、味精、香油、沙拉油各適量。

【製法】

1. 黃牛肝菌切成條，放入燒至六成熱的油鍋裡炸至乾香待用。豬五花肉切成薄片備用。
2. 鍋裡放適量沙拉油燒熱，下豬五花肉片煸炒至出油時，投入乾蔥頭片、乾辣椒圈和鮮小米辣椒圈炒香，隨後放入炸好的黃牛肝菌一起翻炒入味。
3. 放入鹽、料酒、味精和香油調好味後，投入蒜苗節炒斷生，即可盛入小鐵鍋內，上桌再點火加熱食用。

■解密02
酸酸土雞

【原料】

農家仔土雞半隻，去皮花生仁50克，鮮小米辣椒碎30克，香蔥花50克，鹽、味精、白糖、醬油、香醋、冷雞湯各適量。

01

03

【製法】

1. 農家仔土雞肉煮至剛熟時，撈出來晾冷後，斬成丁並裝入碗裡，鋪上去皮花生仁後備用。
2. 把鹽、味精、白糖、醬油、香醋和冷雞湯放一起調成鹹酸味汁，澆在裝有雞肉的碗裡，撒上鮮小米辣椒碎，最後撒蔥花蓋住雞肉，即成。

■解密03
家常青波

【原料】

青波1條，農家泡菜粒50克，泡辣椒末20克，泡豇豆粒40克，薑米、蒜米各10克，郫縣豆瓣20克，鹽、味精、白糖、醋、醬油、鮮湯、太白粉水、沙拉油各適量。

【製法】

1. 青波宰殺治淨，上籠蒸約8分鐘至熟透，然後取出來待用。
2. 鍋裡放沙拉油燒熱，投入郫縣豆瓣、農家泡菜粒、泡辣椒末、泡豇豆粒、薑米和蒜米炒香。
3. 掺鮮湯燒開，待放入鹽、味精、白糖、醋和醬油調好味後，淋入太白粉水勾薄芡，最後出鍋舀在蒸熟的青波上即成。

Chengdu RESTAURANT 50.

郊區

左岸花都美食街〔華陽〕

壩子上的美食嘉年華，換裝改面入廳堂，成都市民休閒品美食的好去處

華陽，川中第一鎮，位於成都南邊，距市中心區僅十多公里路程。

華陽，是成都市民休閒度假品美食常去的地方之一，休閒往來的人多了就自然而然的形成了多條有口碑的美食街，而且每條美食街都有一兩家著名的特色餐館。例如向陽街的「華陽人家」、「全家福芋兒雞」；濱河路的「呂鯰魚」、「奇記稀飯莊」，左岸花都的「老田坎土鱔魚莊」等。這裡介紹的是華陽一帶發展較早，名氣也較響的左岸花都美食街。

從市中心沿筆直的人民南路一路向南，行至遠大都市荷蘭水街的丁字路口，右轉數十公尺便是華陽左岸花都。在兩三百米長的街道上，密密麻麻地開著近二十家餐館。雖然餐館數量多而集中，可是經營的品種並不龐雜，大至可分為兩大陣營，以「巴蜀芋兒雞」、「重慶本草雞喳喳兔」、「羅妹清燉土雞館」、「陳雞婆土雞館」、「紫味軒土雞館」等為主的家禽派；以「香霸頭烏魚片」、「老田坎土鱔魚莊」、「黃泥鰍第一土菜館」、「馬村魚頭」、「資中孫鯰魚河鮮」、「周鯰魚河鮮」等為首的河鮮派。

各家館子經營的主打風味美食如此相近，但憑著餐館廚師的手藝它們的生意可都還不錯。2010年底，採訪這條美食街時，當地政府正在對這些餐館的招牌統一「換裝」。雖然店門口搭著鷹架，卻絲毫沒影響人們的吃興，在溫暖的冬

日下，每家餐館外面的空地壩子上全坐滿了人，儼然一場聲勢浩大的「壩壩宴」。席間擦鞋子的、賣碟片的、叮叮噹噹敲著鐵皮賣叮叮糖的也穿梭其間，人聲鼎沸，好不鬧熱。這家點份鱔魚，那家點份泥鰍，客人放在一張桌上吃得十分痛快，老闆各收各的錢一派和諧、皆大歡喜啊。

成都的美食街很多，但像左岸花都這樣有個性的卻不多見。這條美食街完全是餐館店家們自行聚集而形成的。2005年，當「老田坎土鱔魚莊」在此紮根並一炮打響後，人潮聚集，便逐漸吸引了其他店家的進駐，每一家餐館為招攬生意，盡在菜品與服務上下功夫，不搞惡性競爭，在良性的循環下慢慢地就形成了一條名氣響亮、獨具特色的吃喝好地方，許多城裡人都慕名而來。菜品有特色、味道巴適、可口，性價比高、停車方便、就餐環境隨意、自在……。似乎每個人都可以找到來這裡消費的正當理由。

老饕說事

2011年初，再次拜訪成都，聽朋友說起左岸花都整條街的招牌已經煥然一新，各家餐館的菜品依舊美味，讓人垂涎，但那些統一的招牌，似乎讓這些餐館少了一些個性。

此外朋友說現在去打造過的左岸花都，不知情的人會以為是天氣寒冷，室外壩子上居然都沒擺上餐桌！經他向店家打聽才知道，重新「打造」後的左岸花都管得很嚴，已經禁止把餐桌擺在室外。這不能不說是一大憾事——左岸花都美食街的餐飲之所以異常火爆，除了菜品味道獨具特色外，還和這裡輕鬆、自在的就餐環境對上了成都人喜愛在平壩空地上休閒用餐的喜好，特別是城裡已愈來愈少這樣的用餐環境！

也許，在市容管理與美食街的個性特色之間，應該用管理取代管制，在不影響衛生、交通等公共問題時，於特定時間開放特定區域供市民有一個安逸、自在的用餐享受。當然，餐館需保證開放區域的整潔衛生。在一進一退之間既保有了左岸花都美食街的用餐環境特色（這是無可取代的）吸引人潮活絡地方的經濟，又能確保市容的美觀，不是嗎？

〔華陽〕巴蜀芋兒雞

從食材、烹調到風味絕不因店小價低就隨便

一走進店裡，牆上那幅鄉間風情照立馬吸引了我——在一片翠綠的芋田地裡，一群雞正悠閒地散步、覓食。劉老闆說，店裡的雞都來自有「天然氧吧」之稱的雅安，在大自然中放養，以玉米為主食，閒時啄食蟲子、草籽，因此有人戲稱這種放養雞為「蟲草雞」，不曉得的人還以為這雞是餵中藥「蟲草」養大的！

採訪當天，七八個服務員圍成一圈，正嫻熟地削著成都人偏愛的小芋頭，口感軟糯，有別於台灣所偏好的，口感鬆軟的芋頭。在這裡用的是現殺的雞，現削的芋頭，做出的芋兒雞您還有啥不放心的？

一會兒，芋兒和雞塊在一鍋紅豔的湯水中若隱若現，在鮮香濃鬱的紅湯浸泡下，滑嫩、彈牙的雞肉、軟糯的芋兒非常入味。食用時可以蘸著原湯跟酥黃豆、芹菜粒、蔥花調製的味碟，吃起來又是另一番滋味。

劉老闆曾是成都某著名酒樓的總廚，雖然現在自己創業，開的是家小型餐館，但

對菜品的要求非常嚴格，從食材、烹調到風味的掌控都看得到他的用心，不因店小價低就隨便，所以他做出來的各式菜品都在水準之上。因此來到這裡除了主打的芋兒雞，您不妨換個口味試一下這家店的子薑土豆雞。另外像被評為「川菜名菜」的酸菜花鰱、豆花魚等經典魚肴，口感鮮嫩，都是值得一嘗的佳餚。

特別推薦這裡的涼拌蕨菜，食材來自無汙染的山區，色澤翠綠，拌製時所加調料也不複雜，看上去簡單卻很巴適，入口時滋味十足，清脆爽口，令人回味。

■**地址**：成都華陽左岸花都121號 ■**訂餐電話**：028-85634198　13880347137 ■**人均消費**：約40元人民幣 ■**消費方式**：現金 ■**座位數**：大廳約100位 ■**自駕車**：有公共停車位。 ■**好耍提示**：左岸花都附近有茶坊、棋牌，鄰近南湖公園、嘎納灣商業娛樂廣場。

Specialty Meal
火爆！招牌菜

■解密01
芋兒雞

【原料】

鮮活土雞1隻，芋兒500克，芹菜節、蒜苗節、鮮紅椒節各20克，特製醬料100克，乾辣椒50克，八角5粒，山柰3粒，丁香8粒，白蔻8粒，茴香20粒，香葉4片，花椒50克，桂皮10克，豆豉35克，薑片35克，蒜仁15克，鹽、料酒、雞精、味精、胡椒、沙拉油各適量。

【製法】

1. 土雞宰殺治淨後，斬成小塊。芋兒削皮後洗淨。
2. 鍋裡放沙拉油燒熱，放入薑片、蒜仁、豆瓣醬和特製醬料炒香後，緊接著下乾辣椒、八角、山柰、丁香、白蔻、茴香、香葉、花椒、桂皮和豆豉炒勻，下雞塊和芋頭炒至緊皮，接著摻鮮湯燒沸後，倒入高壓鍋，用中火壓煮約15分鐘。

01

02

3. 雞壓煮好後揭蓋，放入鹽、料酒、雞精、味精和胡椒調好味，再倒入火鍋盆裡，最後撒入芹菜節、蒜苗節和鮮紅辣椒節，即可上桌食用。

■解密02
子薑土豆雞

【原料】

鮮活土雞1隻，泡子薑絲150克，土豆（馬鈴薯）300克，香菜10克，特製醬料100克，乾辣椒50克，八角5粒，山柰3粒，丁香8粒，白蔻8粒，茴香20粒，香葉4片，花椒50克，桂皮10克，豆豉35克，薑片35克，蒜仁15克，鹽、料酒、雞精、味精、胡椒、沙拉油各適量。

【製法】

1. 土雞宰殺治淨後，斬成小塊。土豆削皮後洗淨。
2. 鍋裡放沙拉油燒熱，放入薑片、蒜仁、泡子薑絲、豆瓣醬和特製醬料炒香後，緊接著下乾辣椒、八角、山柰、丁香、白蔻、茴香、香葉、花椒、桂皮和豆豉炒勻，下雞塊和土豆炒至緊皮並摻鮮湯燒沸後，倒入高壓鍋，用中火壓煮約15分鐘。
3. 壓煮好後，揭開鍋蓋放入鹽、料酒、雞精、味精和胡椒調好味，再倒入火鍋盆裡，撒入香菜即可。

〔華陽〕

老田坎土鱔魚莊

左岸花都美食街上的領頭羊

「老田坎土鱔魚莊」儼然是左岸花都這條街上的領頭羊，以生烹土鱔魚、光頭燒鴨子以及菌子湯麵疙瘩這三道王牌菜傲視群雄。店面不大卻有著寬廣的壩子，除了令人流口水的美味菜品，最讓人興奮的就是享受壩壩宴的氣氛，一片火爆景象，熱鬧非常，滿足了成都人情感深處的那份鄉村情懷，而菜品的風格更強化了這樣的風情。

先說鱔魚，夠土。選用的是生長在河溪、田間的野生鱔魚，肉質鮮嫩結實。鱔魚常見的做法有兩種——生烹和乾煸。理淨的鱔魚段浸泡在濃郁、酸香帶點麻辣的特製紅湯裡上桌，入口脆嫩是生烹。炸得乾香酥脆的去骨黃鱔在滿盤紅辣椒的襯托下，顯得分外麻香、刺激、火辣、香酥是乾煸，也特別是下酒的好菜。

再說光頭燒鴨子，夠奇。這道菜的菜名中，「光頭」是指圓溜溜的土豆，此為一奇；合烹的鴨肉斬得很碎，先用油炸酥後，再與煮熟的土豆一起炒至金黃、香酥且翻沙，成菜

光頭燒土鴨

後鴨肉的脂香與土豆的酥香混合在一起，您中有我，我中有您，入口是滿嘴香，一道簡單的菜可以讓人神魂顛倒，停不下筷子，此為二奇也。

再講菌子湯麵疙瘩，夠筋道。此湯麵疙瘩用高湯加上酸菜、泡辣椒和菌子，鹹鮮、酸香微辣，非常貼胃又開胃，那麵疙瘩彈牙有勁，愈嚼愈香。很好奇，怎麼能做出這樣彈牙筋道的口感，確實相當「給力」。詢問專家才明白，製作麵疙瘩時除了麵粉外，還必須加些太白粉，當然揉製的功夫絕對不能少。

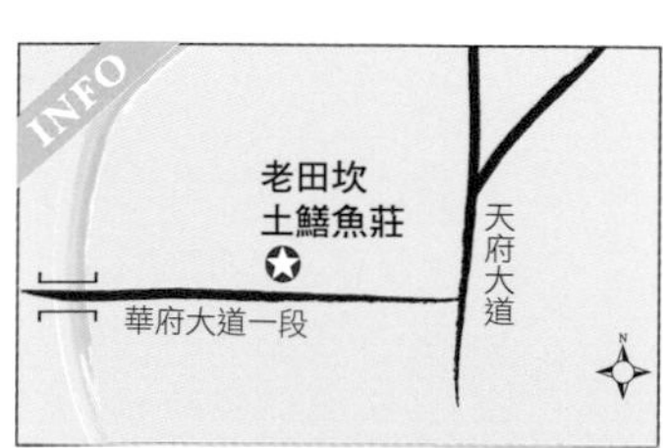

■**地址**：成都華陽左岸花都廣場　■**訂餐電話**：13568917338　■**人均消費**：40～60元人民幣　■**消費方式**：現金　■**座位數**：大廳約40位，壩子約80位　■**自駕車**：有公共停車位。　■**好耍提示**：左岸花都附近有茶坊、棋牌，鄰近南湖公園、嘎那灣商業娛樂廣場。

■解密01

鄉村生烹土鱔魚

【原料】

土鱔魚750克，黃瓜500克，乾辣椒節50克，乾青花椒15克，香菜2根，特製香料湯500克，特製香料油500克。

【製法】

1. 土鱔魚宰殺治淨，斬成段備用。黃瓜切成條，放大煲裡待用。
2. 鍋裡掺特製香料湯燒開，下土鱔魚段稍煮至七八分熟後，倒進大煲裡。
3. 鍋裡放特製香料油燒至七成熱時，投入乾辣椒節和乾青花椒後，馬上倒進大煲內，最後點綴上香菜上桌。

■解密02

山菌燒麵疙瘩

【原料】

熟豬肚條50克，野山菌150克，麵粉200克，澄粉50克，太白粉50克，泡辣椒節20克，泡菜條20克，鹽、味精、鮮湯、化豬油各適量。

【製法】

1. 把麵粉、澄粉和太白粉放盆裡，加清水揉成軟韌的麵團，然後切成條，放入開水鍋裡煮熟備用。
2. 鍋裡放少許化豬油燒熱，投入泡辣椒節和泡菜條炒香，掺鮮湯並放入熟豬肚條、野山菌塊煮一會兒，待放鹽和味精調好味後，下入煮好的麵疙瘩稍煮即成。

01

02

Travel INFO

02 桃花溝風景區

好耍旅遊資訊

01

成都東

01 洛帶古鎮——「中國西部客家第一古鎮」

地址：成都市東郊，龍泉驛區北部洛帶鎮

電話：028-84893693

必遊指數：★★★　體驗指數：◎◎◎　休閒指數：☆☆

02 桃花溝風景區

地址：成都市東郊，龍泉驛區桃花故里

電話：028-88474949

必遊指數：★　體驗指數：◎◎

休閒指數：☆☆☆

成都西

04 青城山

07 川菜博物館

03

05 張大千親筆食譜

07

03 都江堰

地址：成都・都江堰市公園路
電話：028-87120836
必遊指數：★★★　體驗指數：◎◎
休閒指數：☆☆☆

04 青城山

地址：成都・都江堰市青城村
電話：028-87288186
必遊指數：★★★　體驗指數：◎◎
休閒指數：☆☆☆

05 川菜博物館

地址：成都・郫縣古城鎮榮華北巷8號
電話：028-87918008
必遊指數：★★　體驗指數：◎◎◎
休閒指數：☆☆

06 郫縣・農科村景區——農家樂旅遊發源地

地址：成都・郫縣友愛鎮農科村
電話：028-87963282　87935999
網址：www.pxnkc.cn
必遊指數：★　體驗指數：◎◎
休閒指數：☆☆☆

07 兩河城市森林公園

地址：成都市金牛區土龍路和兩河大道交會口
必遊指數：★　體驗指數：◎
休閒指數：☆☆☆

08 非物質文化遺產公園/青羊綠洲森林公園

地址：成都市青羊區光華大道和尋航路交會口
必遊指數：★　體驗指數：◎
休閒指數：☆☆☆

成都南

09

12

09 黃龍溪古鎮

地址：成都市双流縣黃龍溪鎮大河嘴村
電話：028-85696001
必遊指數：★　體驗指數：◎◎
休閒指數：☆☆☆

10 幸福梅林景區

集賞花、旅遊、美食、農家樂於一體的熱門休閒景區。
地址：成都市三聖鄉成龍路西段幸福村
電話：028-84675309
必遊指數：★　體驗指數：◎◎
休閒指數：☆☆☆

11 成都世紀城國際會展中心

地址：成都市天府大道中段1號
電話：028-85330116
必遊指數：★　體驗指數：◎
休閒指數：☆

12 嘎納印象商業廣場

地址：成都・双流縣華陽鎮華龍大橋北側
必遊指數：★　體驗指數：◎◎
休閒指數：☆☆☆

13 南湖公園

地址：成都市南延線・双流縣華陽鎮南湖度假風景區內
電話：028-82606966
必遊指數：★　體驗指數：◎◎
休閒指數：☆☆☆

14 夢幻島遊樂園

地址：成都市南延線・双流縣華陽鎮南湖度假風景區內
電話：028-67006700
必遊指數：★　體驗指數：◎◎
休閒指數：☆☆☆

15 成都極地海洋公園

地址：成都・双流縣天府大道南沿線南端
電話：13281005553 15882124253
必遊指數：★　體驗指數：◎
休閒指數：☆☆☆

09 黃龍溪古鎮

16 成都大熊貓繁育研究基地

地址：成都外北斧頭山熊貓大道1375號
電話：028-83507814
必遊指數：★★★　體驗指數：◎◎
休閒指數：☆☆

17 寶光寺

地址：成都・新都寶光街81號
電話：028-83972247
必遊指數：★★★　體驗指數：◎◎
休閒指數：☆☆

18 三星堆博物館

地址：四川德陽・廣漢市城西鴨子河畔
電話：0838-5651550　5510349
必遊指數：★★★　體驗指數：◎◎◎
休閒指數：☆☆

19 桂湖公園

地址：成都・新都公園路和桂湖西路交會口
電話：028-83972247
必遊指數：★　體驗指數：◎◎
休閒指數：☆☆☆

20 楊升庵祠

地址：成都・新都桂湖西路7號
電話：028-83934671
必遊指數：★　體驗指數：◎◎
休閒指數：☆☆☆

21 龍潭寺

地址：成都市成華區龍潭寺隆興路
電話：028-84200989
必遊指數：★　體驗指數：◎◎
休閒指數：☆☆

22 北湖公園

地址：成都市成華區龍潭寺老青龍路一帶
必遊指數：★　體驗指數：◎◎
休閒指數：☆☆☆

23 成都市植物園

地址：成都市北郊天回鎮蓉都大道上
電話：028 -83583439
必遊指數：★　體驗指數：◎◎
休閒指數：☆☆☆

成都北

16

21

17

23

18

20

19 桂湖公園

唵
福

10676 台北市大安區臥龍街267-4號1樓
電話：(02)2738-8115 傳真：(02)2738-8191

賽尚圖文事業有限公司

____

____

____

賽尚

Read Me

感謝您用行動支持賽尚圖文出版的好書！

與您做伴 是我們的幸福

讓我們認識您

請沿虛線折起封黏後寄回！

姓名：__________

性別：□**1.**男 □**2.**女

婚姻：□**1.**未婚 □**2.**已婚

年齡：□**1.**10～19 □**2.**20～29 □**3.**30～39 □**4.**40～49 □**5.**50～

地址：□□□__________

電子郵件信箱：__________

電話：(日)__________ (夜)/手機__________

職業：□**1.**學生 □**2.**餐飲業 □**3.**軍公教 □**4.**金融業 □ **5.**製造業 □ **6.**服務業 □**7.**自由業 □**8.**傳播業 □**9.**家管 □**10.**資訊 □**11.**自由soho □**12.**其他__________

（請詳填本欄，往後來自賽尚的驚喜，您才接收得到喔！）

請沿虛線剪下

關於本書

●您在哪兒買到本書呢？

連鎖書店 □**1.**誠品 □**2.**金石堂 □**3.**何嘉仁 □**4.**法雅客 □**5.**紀伊國屋 □**6.**其他________________

量販店 □**1.**家樂福 □**2.**大潤發 □**3.**愛買 □**4.**好市多 □**5.**其他________________

一般書店 □__________縣市______________書店

□**1.**劃撥郵購 □**2.**網路購書 □**3.**7-11 □其他________________

●您在哪裡得知本書的消息呢？(可複選)

□**1.**書店 □**2.**大型連鎖書店的網路書店 □**3.**書店所發行的書訊

□**4.**雜誌 □**5.**便利商店 □**6.**超市量販店 □**7.**電子報 □**8.**親友推薦 □**9.**廣播 □**10.**電視

□**11.**其他________________

●吸引您購買的原因？(可複選)

□**1.**主題內容 □**2.**圖片品質 □**3.**編排設計 □**4.**封面設計 □**5.**內容實用

□**6.**文字解說 □**7.**使用方便 □**8.**作者粉絲

●您覺得本書的價格？

□**1.**合理 □**2.**偏高 □**3.**偏低 □**4.**希望定價__________元

●您都習慣以何種方式購書呢？（可複選）

□1.書店 □2.劃撥郵購 □3.書展 □4.量販店 □5.便利超商

□6.其他________________

給我們點建議吧！

填妥後寄回，就可不定期收到來自賽尚圖文的出版訊息與優惠好康喔！

賽尚加入樂天市場開店嘍，買書或不定期的嚴選好物，請到樂天市場・賽尚玩味市集

http://tsaisidea.shop.rakuten.tw/

____

____

____

____

____

____

請沿虛線剪下

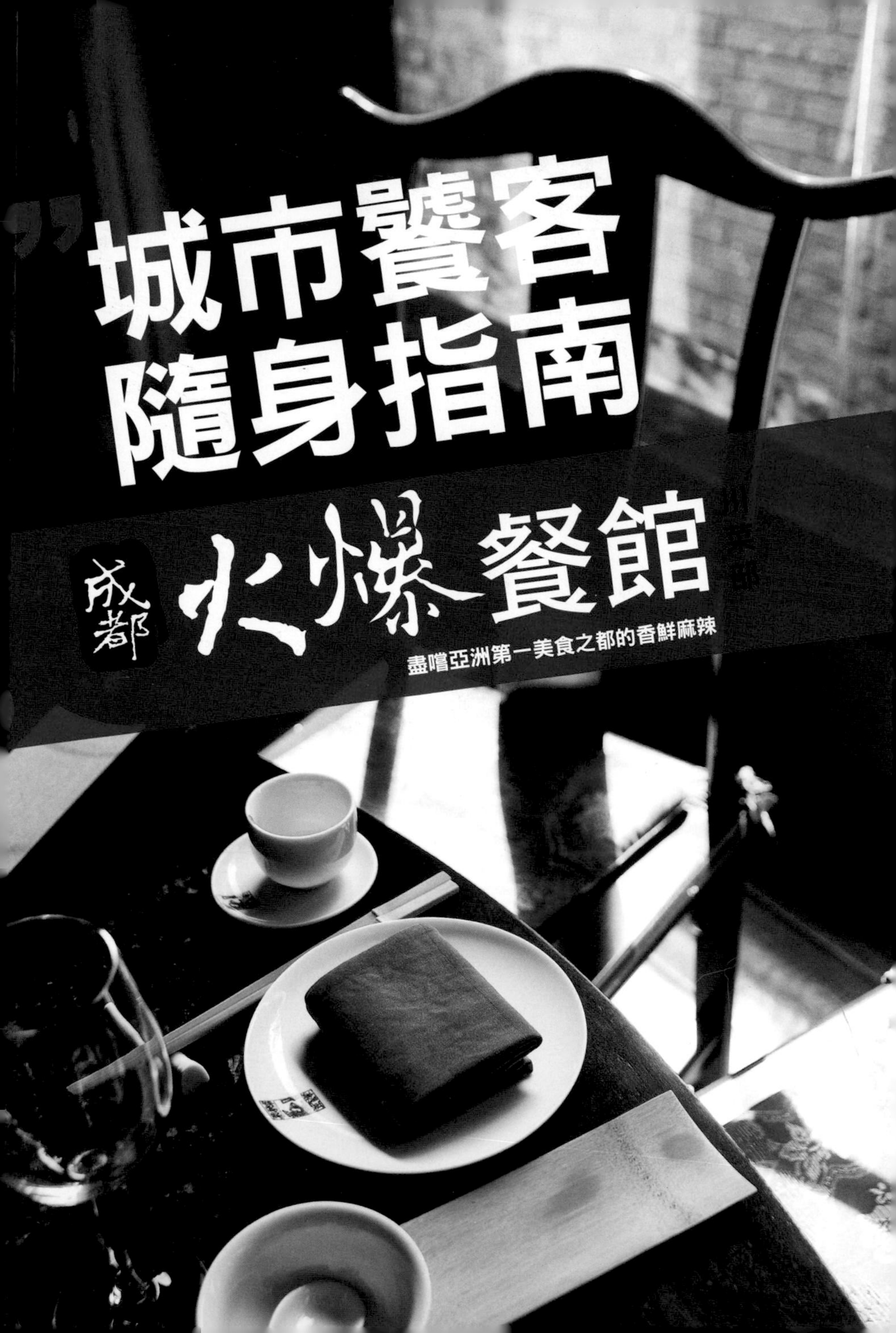
城市饕客
隨身指南
成都
火爆餐館
盡嚐亞洲第一美食之都的香鮮麻辣

01. **中華老字號**

陳麻婆豆腐店

驚艷！麻、辣、燙、香、酥、嫩的麻婆豆腐

■**地址**：成都市西玉龍街197號 ■**訂餐電話**：028-86627005 ■**人均消費**：50～100元人民幣 ■**網址**：www.cdysgs.com/docc/mpdf.htm ■**消費方式**：現金、銀聯 ■**座位數**：共約350位，含各式包廂 ■**自駕車**：餐館後的街道有公共停車位 ■**好耍提示**：近文殊坊、騾馬市、鹽市口商業區、天府廣場。

必點！特色菜 ▶ 麻婆豆腐、一品鱸魚掌、碧綠鮮椒胗、一品鮮鮑、乾燒海參、茶香雞、尖椒雞

02. **中華老字號**

盤飧市

「盤飧市遠無兼味，樽酒家貧只舊醅」

■**地址**：成都市華興正街62號 ■**訂餐電話**：028-86625892 ■**人均消費**：80～150元人民幣 ■**網址**：www.cdysgs.com/docc/pansunshi.htm ■**消費方式**：現金、銀聯 ■**座位數**：共約300位，含各式包廂 ■**自駕車**：周邊街道有公共停車位 ■**好耍提示**：近春熙路步行街、騾馬市、鹽市口商業區、天府廣場，距離著名的大慈寺步行只要10分鐘。

必點！特色菜 ▶ 三色泡菜、油淋仔鴨、雞豆花、宮保雞丁、滷豬手、拌三絲、滷豬尾、滷排骨、滷鴨胗、山椒木耳

03. **中華老字號**

龍抄手

湯清餡細，皮薄如紙、細如綢

■**地址**：成都市春熙路中山廣場東側 ■訂餐電話：028-86666606　86678678 ■人均消費：一樓單點20～30元，二樓中餐（點菜）60元人民幣起 ■網址：www.cdysgs.com ■消費方式：現金、銀聯 ■座位數：一樓大廳約400位，二樓大廳約180位，三樓各式包廂14間 ■自駕車：春熙路商業步行街外圍有停車場 ■好耍提示：餐館位於春熙路商業步行街中，是成都最繁華熱鬧的地方，有多家百貨商場，距離著名的大慈寺步行只要10分鐘。

必點！特色菜 ▶ 夫妻肺片、橙香銅盆雞、原湯龍抄手、蛋烘糕、賴湯圓、鐘水餃、擔擔麵、白蜂糕、玉米金糕

04.
成都映象
最時尚的老成都會客廳

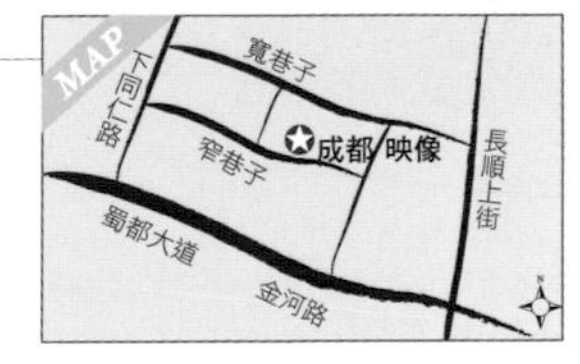

■**地址**：成都市窄巷子16號 ■**訂餐電話**：028- 86245678 ■**人均消費**：68～200元人民幣 ■**消費方式**：現金、銀聯 ■**座位數**：大廳約60位，各式包廂15間 ■**自駕車**：寬窄巷子為步行街，附近有收費停車場 ■**好耍提示**：在寬窄巷子，各種配套設施齊全，住宿、中餐、西餐、茶樓、看川戲一應俱全。

必點！特色菜 ▶ 映象九斗碗、水煮靚鮑仔、紙包什錦、椒麻雞、米椒鱔段、涼麵白肉、紅燒肉

05.
上席
尋回川菜的那些經典味道

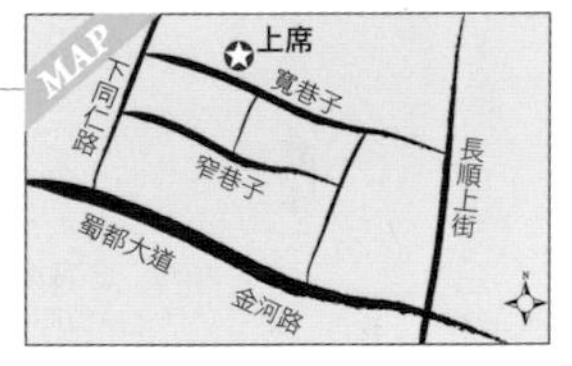

■**地址**：成都市寬巷子38號院 ■**電話**：028-86699115 ■**人均消費**：388元人民幣起 ■**消費方式**：現金、銀聯 ■**座位數**：各式包廂10 間 ■**自駕車**：寬窄巷子為步行街，附近有收費停車場 ■**好耍提示**：在寬窄巷子，各種配套設施齊全，住宿、中餐、西餐、茶樓、看川戲一應俱全。

必點！特色菜 ▶ 吉祥三寶、魚香烏龍茄、乾燒遼參、金鈎蜜豆、燕窩雞豆花、茶聊鴨、功夫湯、粗糧鮮鮑、臘香艾饃

06.
寬巷子 3 號
當設計遇上美食

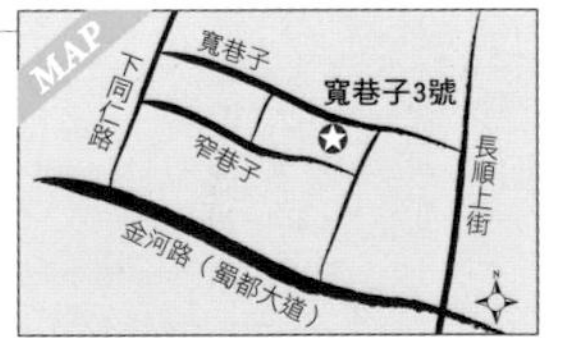

■**地址**：成都市寬巷子3號 ■**訂餐電話**：028-86261338請提前2～3天預定 ■**人均消費**：400 元人民幣起 ■**消費方式**：現金、銀聯 ■**座位數**：大廳4個卡座，各式包廂9間 ■**自駕車**：寬窄巷子為步行街，附近有收費停車場 ■**好耍提示**：在寬窄巷子，各種配套設施齊全，住宿、中餐、西餐、茶樓、看川戲等一應俱全。

必點！特色菜 ▶ 法國松露鵝肝蒸蛋、奶香藍莓子薑、西蜀多寶魚

07.
蓉國食府
蘊藏在都市深處的天然有機餐廳

■**地址**：成都市過街樓街99號 ■**訂餐電話**：028-68086699　68086646 ■**網址**：www.fff99.com ■**人均消費**：約70元人民幣 ■**消費方式**：現金、銀聯 ■**座位數**：共約200位，提供各式包廂14間 ■**自駕車**：自有停車位 ■**好耍提示**：此餐廳隸屬於三星級的芙蓉飯店，擁有配套的會議室、茶坊、KTV並提供住宿，鄰近騾馬市商業區。

必點！特色菜 ▶ 土雞蛋炒竹蓀蓋、桂花竹燕窩、竹胎鞭花、藏白菌燒雞、竹衣肉片、泡椒竹蓀蛋

08.〔總店〕
張烤鴨風味酒樓

酒水穿腸過，美味心中留

■**地址**：成都市古臥龍橋街55號 ■**訂餐電話**：028-86665833 ■**人均消費**：約50元人民幣 ■**網址**：www.cs-zky.com ■**消費方式**：現金、銀聯 ■**座位數**：大廳約400位，各式包廂22間 ■**自駕車**：公有停車場，車位數量50個 ■**好耍提示**：附設茶坊、機麻、棋牌。

必點！特色菜 ▶ 特色烤鴨、椒香鴨掌、醬爆鴨舌、冒鴨血、五香鴨胗、青椒鴨腸、雙椒脆骨

09.
添意酒樓

簡單的巧思卻讓人有意外的驚喜

■**地址**：成都市正府街77號 ■**訂餐電話**：028-86615855 ■**人均消費**：約40元人民幣 ■**消費方式**：現金、銀聯 ■**座位數**：大廳約100位，各式包間20間 ■**自駕車**：設有大型停車場 ■**好耍提示**：自有茶坊、機麻，近文殊坊（以文殊院為核心的仿古休閒旅遊街區）和騾馬市商業區。

必點！特色菜 ▶ 手掌涼粉、脆香鴨片、米椒海參、春色雞片、荷葉粉蒸肉、南瓜甜燒白

10.
食里酒香

香飄十里，本色美食，健康生活

■**地址**：成都市金牛區人民北路一段3號 ■**訂餐電話**：028-86689111 ■**人均消費**：約80元人民幣 ■**消費方式**：現金、銀聯 ■**座位數**：大廳約230位，各式包廂6間 ■**自駕車**：有免費停車壩子，車位數量60～70個 ■**好耍提示**：自有茶坊、機麻、棋牌，附近就是文殊院佛教旅遊勝地。

必點！特色菜 ▶ 蝴蝶野豬肉、小炒野豬肉、板栗燒野豬排、蕎麵野豬肉、蒜香野豬排、蘸水野豬肉、紅燒野豬肉

11.
芙蓉國酒樓

味尖出頭、香源豐富、韻勁寬長

■**地址**：成都市金牛區星輝西路10號 ■**訂餐電話**：028-83225328 83226285 ■**人均消費**：約80元人民幣 ■**網址**：www.cdfrg.com ■**消費方式**：現金、銀聯 ■**座位數**：大廳約220位，各式包廂17間左右 ■**自駕車**：自有停車壩子 ■**好耍提示**：自有茶坊、機麻、棋牌，近文殊院旅遊勝地。

必點！特色菜 ▶ 芙蓉留香鴨、招牌碎香骨、剁椒蒸鮮鮑仔、香芹拌貝裙、水晶牛肉、山藥燴蝦丸、米瓜靚羊肚菌、珧柱扣龍茄

12.
俊宏酒樓
傳承川菜精品，不斷創新川菜佳肴

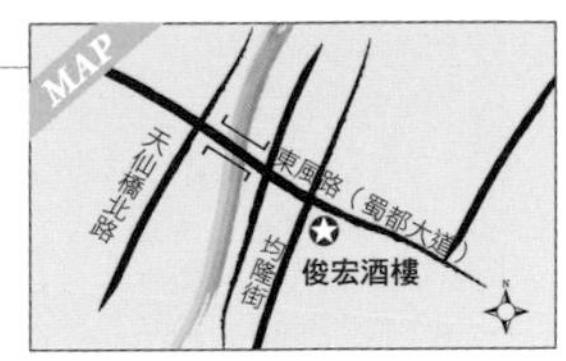

■**地址**：成都市成華區東風路二段15號 ■**訂餐電話**：028-84469998 ■**人均消費**：約47元人民幣 ■**消費方式**：現金、銀聯 ■**座位數**：大廳約1000多位，提供各式豪華包廂20多間 ■**自駕車**：自有停車壩子，車位數量100個左右 ■**好耍提示**：附設茶坊、機麻、棋牌。

必點！特色菜 ▶ 醬香大排、俊宏全家福、海味獅子頭、回鍋牛蛙、家常大雞片、牛肉煎餅、俊宏水煮魚、悄悄話

13.
一把骨骨頭砂鍋
一手把酒，一手執骨，美好滋味，盡在其中

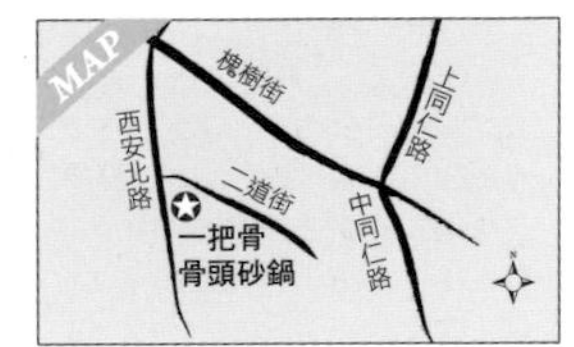

■**地址**：成都市金牛區西安北路26號 ■**訂餐電話**：028-81838396 ■**直營店地址**：成都市一環路南四段26號 ■**訂餐電話**：028-85569807 ■**人均消費**：30～40元人民幣 ■**座位數**：大廳約220多位 ■**自駕車**：周邊有公共停車位 ■**好耍提示**：該店離永陵博物館、琴台路約10分鐘步行路程。此兩處均有不少茶樓和浴足店。

必點！特色菜 ▶ 綠豆一把骨、乾鍋香辣蝦、蕃茄一把骨、野菌一把骨、滷一把骨、川式滷味拼、芥末拌毛豆、乾鍋一把骨

14.
羅妹爬泥鰍·爬爬蝦
以多種風格鮮明的乾鍋品種贏得市場

■**地址**：成都市太升南路康莊街2號 ■**訂餐電話**：028-86789766 13032839388 ■**人均消費**：35～40元人民幣 ■**消費方式**：現金、銀聯 ■**座位數**：大廳約200位，包廂3間 ■**自駕車**：周邊有公共停車位 ■**好耍提示**：餐廳對面即熱舞會所。

必點！特色菜 ▶ 金排大蝦、羅妹香辣爬泥鰍、香辣土鱔魚、子薑美蛙、乾鍋芋兒雞、香辣蟹

15.
翅味鮮
小小的一口乾鍋，做出火爆市場

■**地址**：成都市太升南路康莊街89號附11號 ■**訂餐電話**：028-86658625 ■**人均消費**：30～50元人民幣 ■**消費方式**：現金 ■**座位數**：大廳約200位 ■**自駕車**：周邊有公共停車位 ■**好耍提示**：餐廳旁即熱舞會所。

必點！特色菜 ▶ 乾鍋黃喉、蕃茄翅味鮮、鵝肝醬茶樹菇、乾鍋耗兒魚、魚香東坡肘子

16.老房子〔東湖店〕
第四城・花園餐廳
浪漫的風情，健康美味的菜肴

■**店名**：成都市錦江區二環路東五段99號（東湖公園內） ■**訂餐電話**：028-84527333　84521122 ■**人均消費**：120～150元人民幣 ■**網址**：www.lfz.com.cn ■**消費方式**：現金，銀聯、VISA、MASTER（限1～2桌可刷卡） ■**座位數**：大廳約200位，各式包廂39間 ■**自駕車**：自有停車壩子，車位數量近百個 ■**好耍提示**：自有茶坊、機麻、棋牌，位於東湖公園內。

必點！特色菜 ▶ 四城第一罐、雙黃一響、青椒雞米參、米椒醃肉蝦卷、泡筍燒土鱔魚、鐵盤活鮑魚、指天椒炒岩蛙、六合魚

17.〔錦華店〕
成都紅杏酒家
一頁紅杏傳奇，譜寫川食風華

■**地址**：成都市二環路東五段萬達廣場1號門旁 ■**訂餐電話**：028-82000860 ■**人均消費**：約65元人民幣 ■**網址**：http://jh.ehongxing.com/index.asp ■**消費方式**：現金、銀聯、VISA、MASTER ■**座位數**：大廳約600位，各式包廂50間 ■**自駕車**：周邊停車位充裕 ■**好耍提示**：附設茶坊、機麻、棋牌，鄰近東湖公園。

必點！特色菜 ▶ 紅杏雞、紅杏鱔段粉絲、紅杏霸王蟹、紅杏冷拼、紅杏粉蒸肉、紅杏全家福

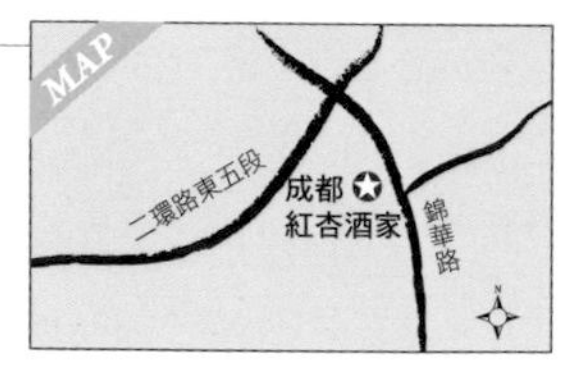

18.
新華吃典
吃喝也是一門學問

■**地址**：成都成華區雙林北支路138號（新華公園後門旁） ■**訂餐電話**：028-84363636 ■**人均消費**：80～150元人民幣 ■**消費方式**：現金、銀聯 ■**自駕車**：自有停車位 ■**好耍提示**：店內有露天茶座，可喝茶、棋牌、機麻等。

必點！特色菜 ▶ 辣汁鱈魚卷、菌香脆花螺、冷撈什景、海鮮豆撈、美味鱷魚龜、小米椒炒遼參、野菜餅、麻辣八爪魚

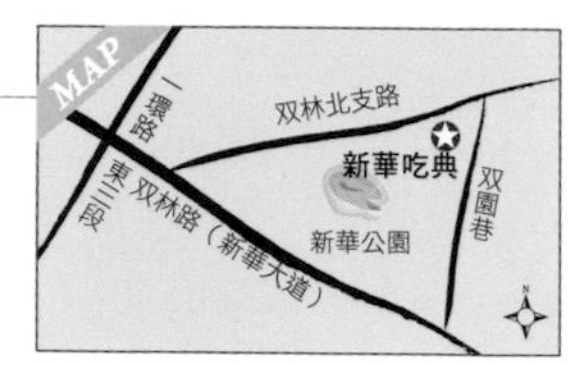

19.〔宏濟店〕

成都天香仁和酒樓

傳統中「求變存真」，多元中「兼收並蓄」

■地址：成都市錦江區宏濟新路308號 **■訂餐電話**：028-84532288 84515588 **■人均消費**：50～100元人民幣 **■網址**：www.cdtxrh.com **■消費方式**：現金、銀聯刷卡 **■座位數**：大廳約350～400位，各式包廂34間 **■自駕車**：自有停車壩子，車位數量約100個 **■好耍提示**：自有茶坊、10個機麻包廂、25個卡座，附近KTV店較多。

必點！特色菜 ▶ 香辣童子雞、小炒河蝦、竹蓀三鮮、魚香遼參、酸菜魚、山菌雞片、草原毛肚、西湖酥藕

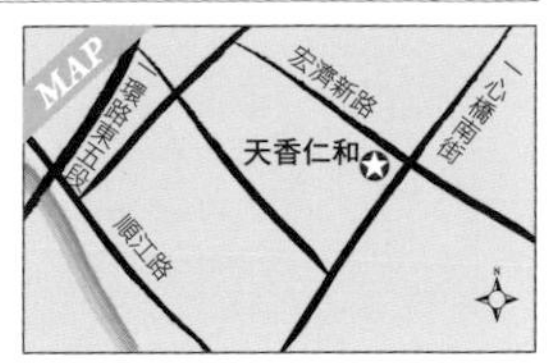

20.〔宏濟店〕

蜀府宴語

傳承博大精深的國菜文化，引領健康美食的風向標

■地址：成都市宏濟東路27號 **■訂餐電話**：028-84545111 84545222 **■人均消費**：大廳60～70元人民幣，普包100～150元人民幣，豪包200～300元人民幣 **■網址**：www.shufuyanyu.com ■消費方式：現金、銀聯 **■座位數**：大廳約400位，各式包廂32間 **■自駕車**：備有停車位 **■好耍提示**：餐廳有配套的茶坊，鄰近合江橋、望江樓公園。

必點！特色菜 ▶ 綠尖椒油渣、椒麻白靈菇、 辣熗香肘、杏鮑菇炒鵝肝、燒椒蟶子皇、洞庭甲魚、燒椒蚌仔

21.〔雙橋店〕

蜀滋香土雞館

蜀中滋味，萬里飄香

■地址：成都市成華區雙橋路南一街單身樓底層（雙橋子立交橋下） **■訂餐電話**：028-84438885 **■人均消費**：約30元人民幣 **■網址**：www.shuzixiang.com **■消費方式**：現金 **■座位數**：大廳約90位，各式包廂6間 **■自駕車**：周邊有公共停車格 **■好耍提示**：附設茶坊、機麻、浴足、棋牌等，鄰近塔子山公園、新華公園。

必點！特色菜 ▶ 蜀滋香芋兒雞、鄉村拌雞、鮮椒花生、清燉土雞、滷土雞腳、滷雞冠、川式香腸

22.

蜀味居川菜館

口碑好，味道也好

■地址：成都市成華區雙林中橫路37～39號 **■訂餐電話**：138-80441818 **■人均消費**：約40元人民幣 **■消費方式**：現金 **■座位數**：大廳約60位，包廂1間 **■自駕車**：周邊有公共停車位。 **■好耍提示**：鄰近新華公園、成都驕子電視塔。

必點！特色菜 ▶ 蜀味過水魚、乾拌牛肉、香蔥焗腰花、蜀味肥腸雞、泡椒美蛙、魚香茄子

23. 蜀粹典藏

傳承川菜傳統，典藏精緻美味佳肴

■**地址**：成都市草堂路36號 ■**訂餐電話**：028- 87397338 87373326 ■**人均消費**：約300元人民幣 ■**網址**：無 ■**消費方式**：現金、銀聯、VISA ■**座位數**：大廳約112位，各式包廂7間、卡座4桌 ■**自駕車**：約有30個停車位 ■**好耍提示**：旁邊即是杜甫草堂、浣花溪公園，鄰近二仙橋古玩市場與青羊宮。

必點！特色菜 ▶ 燈影魚片、菊花羊肚菌、金毛牛肉、魚香大蝦、長生砂皮鵝脯、米涼粉燒甲裙、小米炒河蝦、宮保銀鱈魚

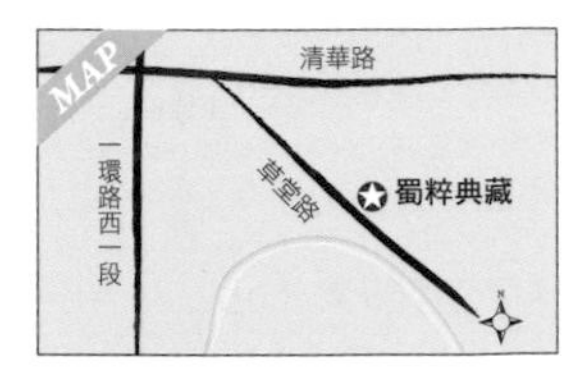

24. 大蓉和酒樓

形如淮揚，味在川，色及蘇杭，精其粵，地道蜀風又似湘

■**地址**：成都市金牛區蜀漢路一品天下美食商業街B區1幢 ■**訂餐電話**：028-87564477 87565577 ■**人均消費**：約80～150元人民幣 ■**網址**：www.daronghe.cn ■**消費方式**：現金、銀聯 ■座位數：大廳約 450位，各式包廂91間、卡座28桌 ■**自駕車**：約有400個停車位 ■**好耍提示**：酒樓附設茶樓，鄰近金沙遺址博物館。

必點！特色菜 ▶ 銀鱈魚獅子頭、爽口鮮竹蓀、開門紅、第一骨、蓉和一罐香、豆湯娃娃菜、生態原味雞、石鍋三角鋒、乾燒元寶蝦、妙味素雞

25. 文杏酒樓

完美傳承，融合各家之長的創新佳肴

■**地址**：成都市一品天下大街132號 ■**訂餐電話**：028-87535999 87535666 ■**人均消費**：約76元人民幣 ■**網址**：http://wx.ehongxing.com/index.asp ■**消費方式**：現金、銀聯、VISA、MASTER ■**座位數**：大廳約600位，各式包廂20間 ■**自駕車**：自有停車場，車位充裕 ■**好耍提示**：附設茶坊、機麻、棋牌，所在的一品天下大街是成都最著名的美食一條街。

必點！特色菜 ▶ 粉絲撈鵝掌、辣子雞、家常豆瓣江團、文杏拌雞片、清燉牛肉、砂鍋魚頭、饞嘴螺肉、四川烤鴨、干貝煮薺菜

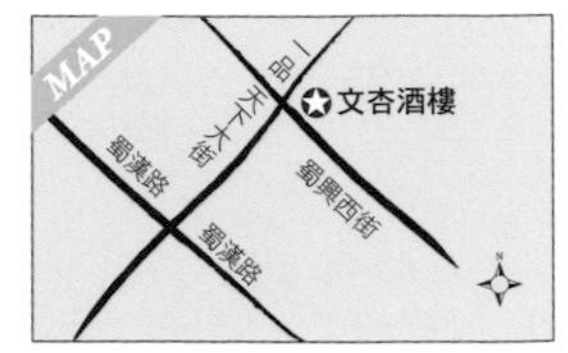

26. 芙蓉凰花園酒樓

現代與傳統巴蜀文化相結合的韻致

■**地址**：成都市青羊區光華村66號附16-17號 ■**訂餐電話**：028-87346868 ■**人均消費**：約60元人民幣 ■**消費方式**：現金、刷卡均可 ■**座位數**：大廳約100位，各式包廂8間 ■**自駕車**：有停車位 ■**好耍提示**：餐廳有配套的茶坊和棋牌室

必點！特色菜▶ 芙蓉雜燴、芙蓉飄香、芙蓉雞片、土罐煨花肉、熊掌豆腐、芙蓉飄香、芙蓉雜燴、鐵板腰花

27. 李記老味道土菜館

對食材有了深刻認識，才能烹出好菜

■**總店地址**：成都市青羊區金陽路67號 ■**分店地址**：成都成華區地堪路1號附43號 ■**訂餐電話**：028-87396888 ■**人均消費**：約40元人民幣 ■**消費方式**：現金、刷卡均可 ■**座位數**：大廳約100位，各式包廂8間 ■**自駕車**：有停車壩子 ■**好耍提示**：總店所在街道為蓉城的一條小美食街，附近有多家茶樓和特色小菜館。此外，該店離金沙遺址博物館約10分鐘步行路程。

必點！特色菜▶ 老場口剔骨肉、艿芋仔排、萬源岩豆、千層肉、老罈油底肉、一桶香、竹毛肚炒蛋、峨眉鱔絲、滋味牛掌、南瓜雞

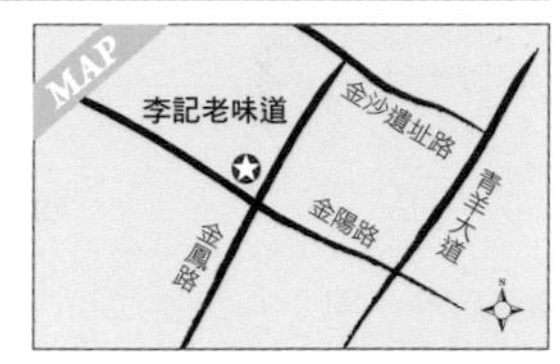

28. 芙蓉錦匯陽光酒樓

川菜品種豐富、美味中帶有創新

■**地址**：成都市蜀西路12號 ■**訂餐電話**：028-87500333 ■**人均消費**：120～150元人民幣 ■**消費方式**：現金、刷卡均可 ■**座位數**：大廳約300位，各式包廂8間 ■**自駕車**：自有停車場 ■**好耍提示**：酒樓內設茶樓。距兩河城市森林公園或歡樂谷各約10分鐘車程。

必點！特色菜▶ 南瓜煮花蟹、葡萄冬瓜、菊花鵝肝、翅湯雪花牛肉、砂鍋鹿肉、木瓜酥、三杯雞、極品金湯翅

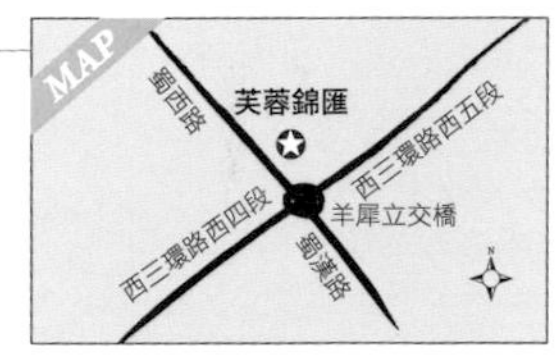

29.〔成都總店〕武陵山珍

鮮香味美、清醇可口的「東方魔湯」

■**地址**：成都市武侯區雙楠少陵路88號 ■**訂餐電話**：028-87026503 ■**人均消費**：約112元人民幣 ■**網址**：www.wlsz.com ■**消費方式**：現金、銀聯 ■**座位數**：大廳約100位，魔湯吧40-50位，各式大小包廂9間 ■**自駕車**：餐廳門前有停車場及地下停車場 ■**好耍提示**：餐廳隔壁有咖啡廳、樓上有茶坊、機麻、樓下有酒吧、旁邊有浴足等。

必點！特色菜▶ 霸王別姬、土家酸榨肉、養生菌包、香烤蕎麥粑、醋椒茶樹菇、土家香熏牛肉、千年頭碗、太婆臘肉

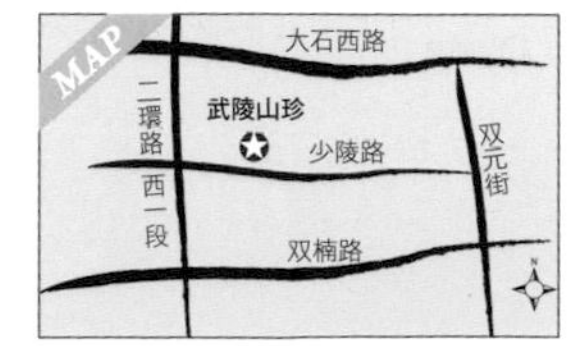

30.

龍鳳瓦罐煨湯酒樓

以實惠立足大眾，以家常贏得好評

■**地址**：成都市清江東路61號 ■**訂餐電話**：028-87337378 ■**人均消費**：約40元人民幣 ■**消費方式**：現金、銀聯 ■**座位數**：大廳約80位，各式包廂8間 ■**自駕車**：周邊有停車位 ■**好耍提示**：餐廳樓上有配套的茶坊和KTV。

必點！特色菜▶ 鐵板肥腸、鐵板魷魚鬚、苦　鵝掌湯、風味蘿蔔乾、鮮椒鴨掌、風味丁香魚

31.

禾杏廚房

鄉土菜、風味江湖菜、特色家常菜

■**地址**：成都市蜀躍路77號 ■**訂餐電話**：028-87505986 ■**人均消費**：約30元人民幣 ■**座位數**：大廳約80位，包間3間 ■**自駕車**：餐館門前有一塊空地，可停車。 ■**好耍提示**：附近有多家茶樓、機麻。

必點！特色菜▶ 醬燒鴨、大碗豬蹄、乾鍋脆筍、拌土雞、蒸老南瓜、酥香貓貓魚、缽缽香乾

32.

李庄白肉

大塊吃肉的愜意

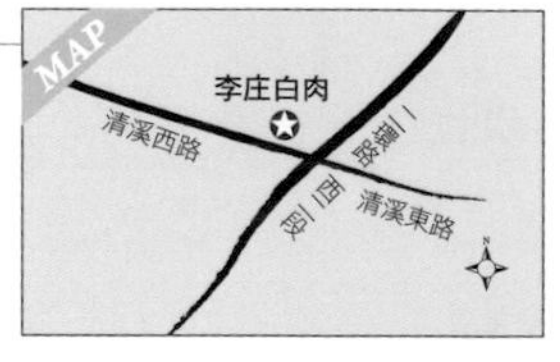

■**地址**：成都市青羊區清溪西路2號附4號 ■**訂餐電話**：028-87332329 ■**人均消費**：15～30元人民幣 ■**消費方式**：現金 ■**座位數**：50～60位 ■**自駕車**：沿街有停車位 ■**好耍提示**：附近有石人公園以及歐尚、麥德龍等大型超市。

必點！特色菜▶ 李莊白肉、水豆豉燒排骨、圓子湯、肥腸血旺、銀耳蒸南瓜、芝麻犛牛肉

33.〔新館〕

韓記燉品

精製燉品，讓人聞得出，品得到

■**地址**：成都市永豐路24號（國際花園） ■**訂餐電話**：028-66711798 66711799 ■**人均消費**：89～169元人民幣 ■**網址**：www.hanjidunpin.cn ■**消費方式**：現金、銀聯 ■**座位數**：大廳約260位，各式包廂28間 ■**自駕車**：周邊有公共停車格，自有停車壩子及專屬停車場，車位數量共約80個 ■**好耍提示**：附設茶坊、機麻、棋牌等。

必點！特色菜 ▶ 金圓碧條燒鱸魚、墨魚燉雞、天麻皇鴿、乾鍋鱸魚、滋補鱸魚湯、椒鹽鱸魚、滋補龍鳳配、白果燉雞、木耳燉雞、蟲草老鴨

34.

卞氏菜根香

泡菜成席，世間百味，菜根飄香

■**地址**：成都市航空路7號 ■**訂餐電話**：028-85226767 ■**人均消費**：80～120元人民幣 ■**網址**：www.caigenxiang.com ■**消費方式**：現金、銀聯 ■座位數：全部約600位，提供各式包廂 ■**自駕車**：自有停車場，周邊也有許多公共停車位 ■**好耍提示**：酒樓設有茶樓、機麻，鄰近望江樓公園、東湖公園、老成都民俗公園。

必點！特色菜 ▶ 泡椒墨魚仔、老罈子泡菜、富硒花生、乾隆一品鮑、口水雞、古法神仙雞、砂鍋野生大口鯰

35.〔東光店〕

溫鴨子酒樓

百年滋味，有老傳統也有新詮釋

■**地址**：成都市錦江區錦沙路8號（新成仁路口） ■**訂餐電話**：028-85952558 ■**人均消費**：50～60元人民幣 ■**消費方式**：現金、銀聯 ■**座位數**：大廳約680位，各式包廂20間 ■**自駕車**：專屬停車場，車位數量80～90個 ■**好耍提示**：附設茶坊、機麻、棋牌，毗鄰東湖公園、萬達廣場。

必點！特色菜 ▶ 雨石串烤肉、溫鴨子、滋味魚頭、水豆豉焗鴨掌、生焗翠松柳、醬爆鴨舌

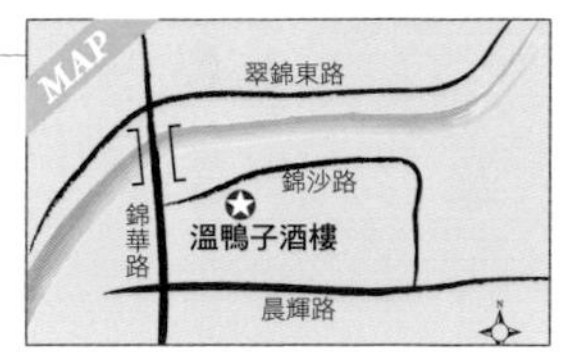

36.

蛙蛙叫・乾鍋年代

因應各地飲食偏好，適當的調整口味

■**地址**：成都市高新區芳草東街76號 ■**訂餐電話**：028-85144177 ■**人均消費**：約50元人民幣 ■**消費方式**：現金 ■**座位數**：大廳約200位，各式包廂6間 ■**自駕車**：周邊有公共停車位。 ■**好耍提示**：到浣花公園約10分鐘車程。

必點！特色菜 ▶ 乾鍋牛蛙、乾鍋鴨唇、乾鍋鱔魚、口水雞、滋補湯鍋、酸菜炒飯、糍粑糕、琥珀牛肉、糖工房、芒果布丁、蛙蛙叫養生奶茶

37.

私家小廚

把家常菜賣出名的平價餐館

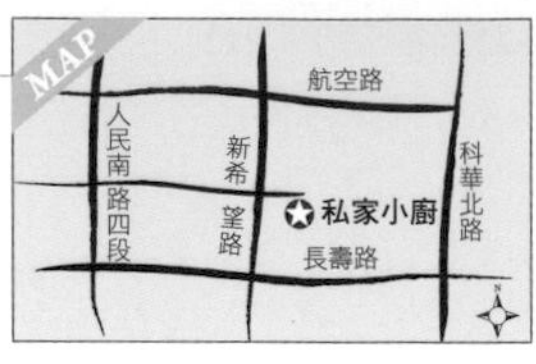

■**地址**：成都市新希望路曼哈頓4號 ■**訂餐電話**：028-88195538 ■**人均消費**：約30元人民幣 ■**消費方式**：現金 ■**座位數**：大廳約180位，戶外約40位，包間3間 ■**自駕車**：周邊有停車位，寫字樓有收費停車場 ■**好耍提示**：近老成都民俗公園。

必點！特色菜▶ 豆腐魚、燒椒雙脆、私家紅燒肉、小炒肝片、酥皮牛柳、開胃兔、剁椒肘子

38.〔沸城店〕

鍋鍋香・乾鍋香辣館

人氣指數第一名的乾鍋香辣館

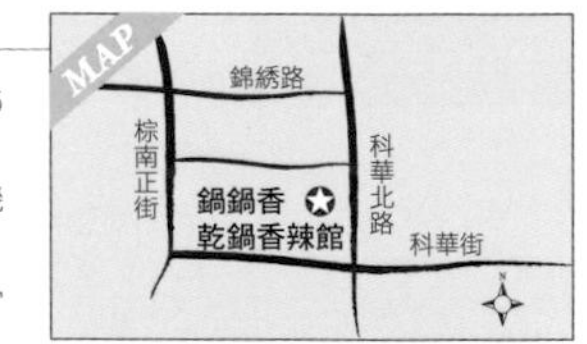

■**地址**：成都市科華北路60號/SOHO沸城112號 ■**訂餐電話**：028-85232085 ■**人均消費**：45～50元人民幣 ■**消費方式**：現金 ■**座位數**：大廳約40位，室外約30位 ■**自駕車**：公有停車格 ■**好耍提示**：樓上就有其他店的茶坊、機麻、浴足、棋牌等，附近有望江公園、九眼橋酒吧一條街、春熙路商業圈等。

必點！特色菜▶ 乾鍋香辣雙脆、香辣爬爬蝦、白果煨土雞、乾鍋香辣排骨蝦、美味土司卷

39.

藍色港灣酒樓

廚藝精湛，勇於創新，吃喝玩樂一條龍

■**地址**：成都市星河路91號 ■**訂餐電話**：028-87610077 87617700 ■**人均消費**：大廳80～100元人民幣，包廂120元人民幣以上 ■**消費方式**：現金、刷卡皆可 ■**座位數**：大廳約460位，各式包廂12間 ■**自駕車**：周邊有充足的停車位 ■**好耍提示**：酒樓附設有茶樓、機嘛、游泳池。集餐飲、康樂、休閒、運動為一體的現代化休閒場所。

必點！特色菜▶ 香臊菊花鱖魚、蔥香草菇、農家士鳳爪、乾燒裙邊、海南眼鏡螺、脆筍花椒雞、豆湯丸子、青椒遼參

40.
悟園餐飲會所
讓人可以隨時品嚐傳統川菜精緻滋味的園林

■**地址**：成都市金牛區花照壁中橫街128號 ■**訂餐電話**：028- 87695009 87695007需事先預約，每餐只接待8桌 ■**人均消費**：約300元（人民幣），由店家配菜，歡迎愛好者前來 ■**網址**：www.cd-wuyuan.com ■**消費方式**：會員制消費、現金、銀聯 ■**座位數**：各式包廂11間 ■**自駕車**：餐館前有充足的停車位 ■**好耍提示**：可以喝喝川茶、打打麻將。可為會員安排悟園基地春遊、秋遊，採摘新鮮菜。

必點！特色菜 ▶ 隔夜雞、茶泡飯、貝母蒸雪梨、油滷串串、糖醋排骨、小吃雙上（雞絲涼麵和川北涼粉）、乾燒岩鯉、苦蕎炒仔雞蛋（時令菜）、小仙點心組合（紅糖發糕、玉米饃、葉兒粑）、七手碟（餐前點心盒）

41.
莊子村川菜酒樓
菜品搭配追求自然和諧，口味濃厚清淡兼宜

■**地址**：成都市三友路158號 ■**訂餐電話**：028-83331508　83313588 ■**人均消費**：約40元人民幣 ■**消費方式**：現金 ■**座位數**：3000平方公尺左右，大廳約400位，各式包廂10間 ■**自駕車**：有停車場，並可代駕停車 ■**好耍提示**：附設茶樓。

必點！特色菜 ▶ 脆皮糯米鴨、玉石牛肉、黑筍脆肚花、花花仙子、石鍋黃喉雞、莊子烤魚、風味泡菜、香酥排骨

42.
六月雪川菜館
品江湖的爞味，家常的川味

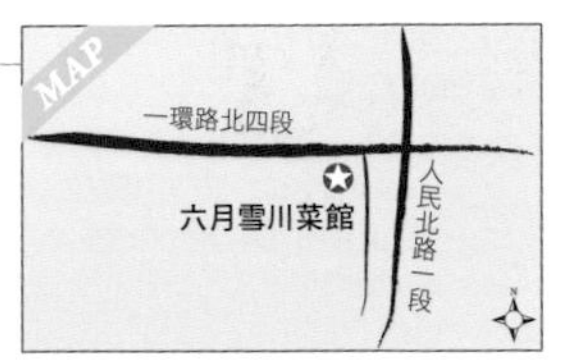

■**地址**：成都市一環路北二段6-9號 ■**訂餐電話**：028-83189933 ■**人均消費**：約30元人民幣 ■**消費方式**：現金 ■**座位數**：120位 ■**自駕車**：餐館後面可停車 ■**好耍提示**：餐廳樓上有上百平方公尺的休閒茶樓，有機麻。距文殊坊只有10分鐘左右的腳程。

必點！特色菜 ▶ 香菇燜雞、蔥香魚片、金雞報喜、拌土雞、燒椒茄子、蘿蔔牛腩

43. 崇州　明軒食府

美食、休閒、養生的桃花源

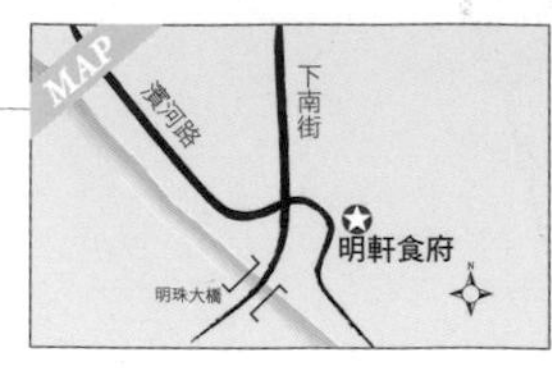

■**地址**：成都・崇州市濱河路189號 ■**訂餐電話**：028-82386333 ■**人均消費**：約300元人民幣 ■**消費方式**：現金、銀聯、VISA ■**座位數**：大廳約80位，各式包間8間 ■**自駕車**：周邊腹地寬廣，停車非常方便。 ■**好耍提示**：自有茶坊、機麻。

必點！特色菜▶ 相思眼睛螺、澳洲牛菲力、酒香黃燜雞、

44. 崇州　名人凱宴酒樓

高品質、高品位、服務大眾

■**地址**：崇州市蜀州北路1號 ■**訂餐電話**：028-82278822　82278899 ■**人均消費**：約50元人民幣 ■**消費方式**：現金、銀聯 ■**座位數**：大廳約400位，各式包間14間 ■**自駕車**：自設停車場，很便利 ■**好耍提示**：自有茶坊、機麻，白塔湖、鳳棲山古寺等。

必點！特色菜▶ 功夫鮑魚、豆芽炒海參皮、川北黑涼粉、

45. 龍泉驛　栗香居板栗雞

顧客的口碑是最好的廣告

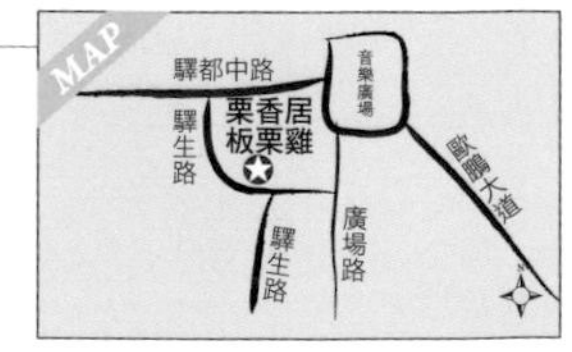

■**地址**：成都市龍泉驛區驛生路45號（音樂廣場旁．龍泉印象） ■**訂餐電話**：028—88457978 ■**人均消費**：約40元人民幣 ■**消費方式**：現金 ■**座位數**：大廳約200位，各式包廂6間 ■**自駕車**：街邊可臨時停車 ■**好耍提示**：餐館附近有茶坊、機麻、浴足、棋牌等、龍泉音樂廣場，桃花溝等旅遊景區。每年三、四月有桃花節，適合踏青賞花。

必點！特色菜▶ 栗香居板栗養生雞、乾拌金錢肚、紫薯餅、風味雞蛋乾、香菜蘿蔔絲、饞嘴雞片

46. 華陽　川粵成精品菜館

川粵菜品精華，饗巴蜀百姓人家

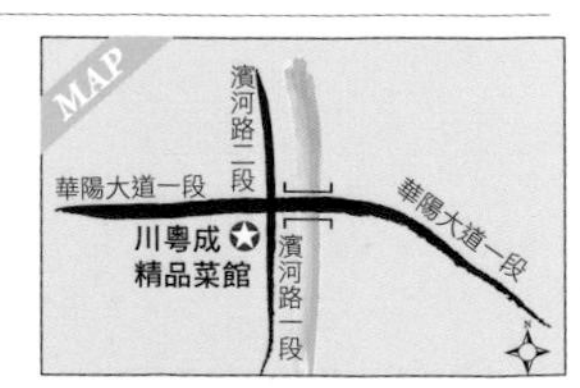

■**地址**：成都市雙流縣華楊鎮濱河路一段225號（ 雙華橋頭府河菁華1樓） ■**訂餐電話**：028-85766698 ■**人均消費**：60元人民幣起 ■**座位數**：大廳約180位，各式包廂9間 ■**自駕車**：餐館前有停車位提供顧客停車。 ■**好耍提示**：該店地處華陽美食一條街，均有不少茶樓和浴足店，另該店離川西名鎮——黃龍溪古鎮約20分鐘車程。

必點！特色菜▶ 青瓜鮮螺、精品豆花、桃木烤鴨、石鍋茶樹菇、藤椒雞、一品蛋酥、西湖龍井鮮鮑、雪域蜂精、西冷牛仔骨、琥珀桃香柳、絕味三角蜂

47. 華陽　渠江漁港

融入感情的烹飪，才會有滋有味

■**地址**：成都市双流縣華陽鎮伏龍大橋嘎納印象旁 ■**訂餐電話**：028-81506133　81506222 ■**人均消費**：約150元人民幣 ■**座位數**：大廳約120位，各式包廂13間 ■**自駕車**：餐館周邊有大量公共停車位可供顧客停車。 ■**好耍提示**：該店地處嘎納灣商業娛樂廣場、華陽美食一條街，範圍內均有不少茶樓和浴足店，另該店離川西名鎮——黃龍溪古鎮約20分鐘車程。

必點！特色菜 ▶ 酸菜紅味青波、酥炸小魚、芝麻魚肚、前程土雞腳、日式金沙湯圓、爽口黃瓜皮、仔薑岩鯉、豉椒蒸黃沙魚

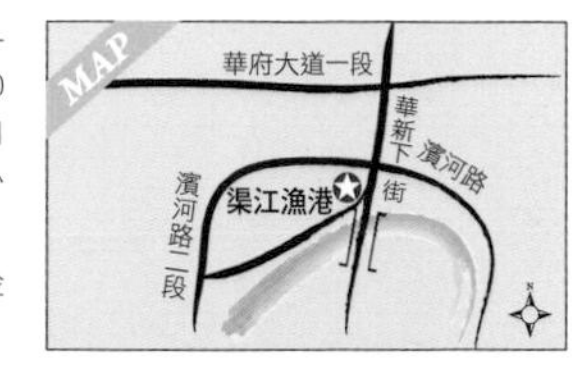

48. 華陽　西蜀人家

美食、養生、休閒、度假，盡在西蜀人家

■**地址**：成都市双流縣華陽鎮華府大道二段158號 ■**訂餐電話**：028-85321777　85324777 ■**人均消費**：50～200元人民幣 ■**網址**：www.xishurenjia.cn ■**座位數**：大廳約1000位，各式包廂30多間，院落式美食會所8個 ■**自駕車**：園區內設停車場可供顧客停車 ■**好耍提示**：該店內設茶樓、休閒庭園，離川西名鎮——黃龍溪古鎮約20分鐘車程。

必點！特色菜 ▶ 醒腦川芎羹、靈芝煲玉兔、川貝紫薯鮑、碧綠涼拌川芎、時蔬人參扣廣肚、蜜棗燒肉、銀杏燜金瓜、玉竹脆耳

49. 華陽　南草坪川桂軒

成都十佳特色餐飲，吃玩有口皆碑

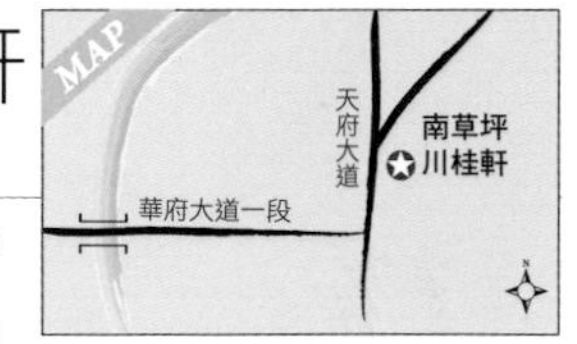

■**地址**：成都市南延線9公里處華陽遠大都市風景荷蘭水街1號樓 ■**訂餐電話**：028-67028888　67012566 ■**人均消費**：約150元人民幣 ■**消費方式**：現金、刷卡均可 ■**座位數**：大廳約100位，各式包廂20間 ■**自駕車**：有停車位260位 ■**好耍提示**：附設茶坊、棋牌，鄰近成都極地海洋世界、嘎納灣商業娛樂廣場。

必點！特色菜 ▶ 乾鍋黃肝菌、酸酸土雞、家常青波、青椒肉碎海參、奇香牛柳、圍蝦粉絲煲、潮州米卷

50. 華陽　左岸花都美食街

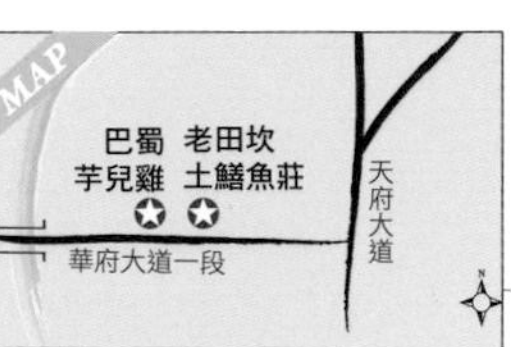

■**自駕車**：有公共停車位 ■**好耍提示**：左岸花都附近有茶坊、棋牌，鄰近南湖公園、嘎納灣商業娛樂廣場。

A.巴蜀芋兒雞

■**地址**：成都．華陽左岸花都121號 ■**訂餐電話**：028-85634198　13880347137 ■**人均消費**：約40元人民幣 ■**消費方式**：現金 ■**座位數**：大廳約100位，餐館前有寬廣的壩子

必點！特色菜 ▶ 芋兒雞、子薑土豆雞、涼拌蕨菜、糯米粉蒸肉

B.老田坎土鱔魚莊

■**地址**：成都華陽左岸花都廣場 ■**訂餐電話**：135689173387 ■**人均消費**：40～60元人民幣 ■**消費方式**：現金 ■**座位數**：大廳約50位，餐館前有寬廣的壩子

必點！特色菜 ▶ 鄉村生烹土鱔魚、山菌燒麵疙瘩、光頭燒土鴨

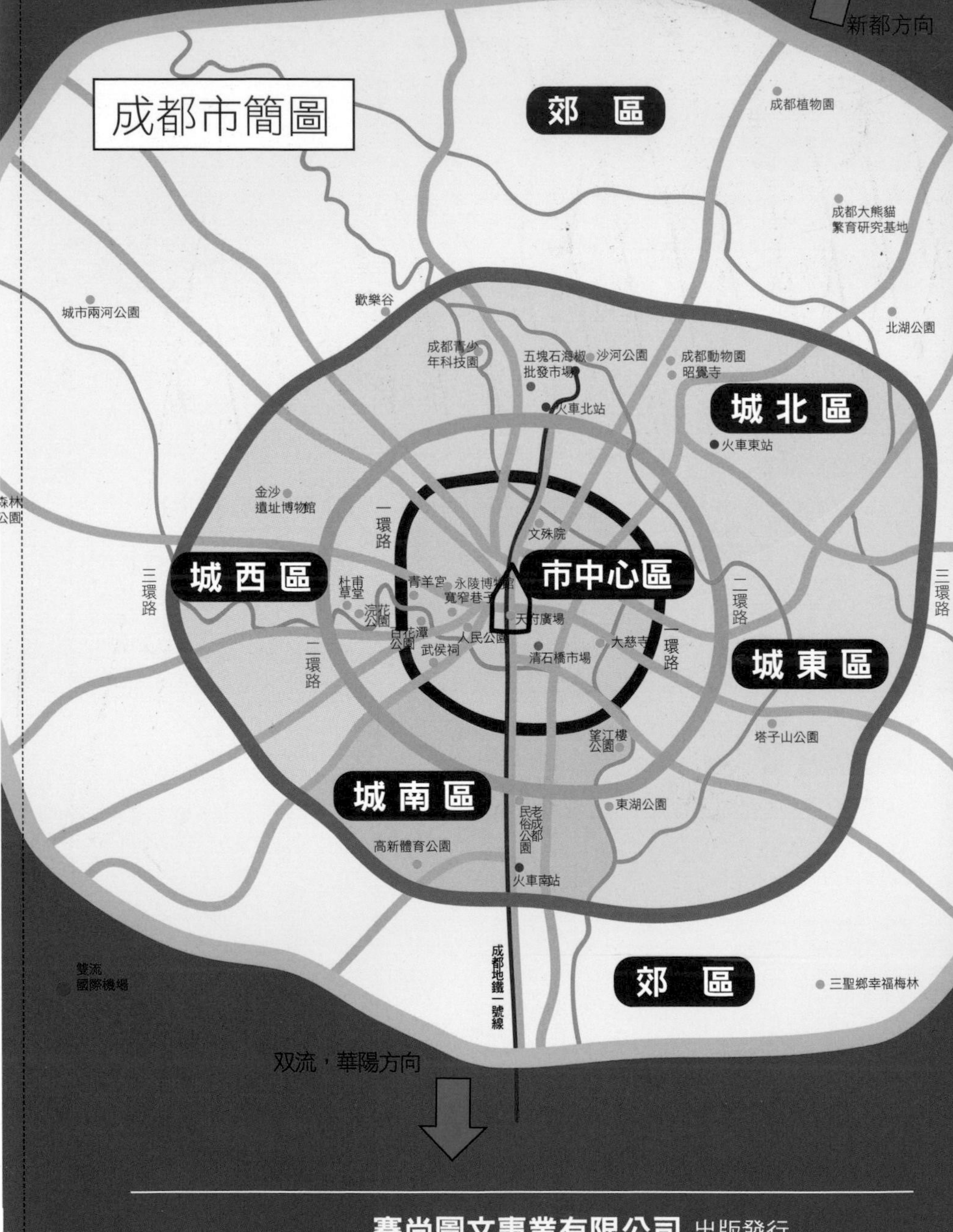

Tsai's idea

賽尚圖文事業有限公司 出版發行

台北市大安區臥龍街267-4號　02-27388115

service@tsais-idea.com.tw